도란도란 화학 이야기

원자와 친해지고
분자가 재밌어지는

도란도란 화학 이야기

윤용진 지음

자유아카데미

책을 펴내며

"교수님은 다시 태어나도 화학을 하실 건가요?"

"화학은 어려운데 재미있나요?"

퇴임을 몇 년 앞둔 어느 날, 진로 탐색 차 연구실을 방문한 한 고등학생이 내게 물었다.

"다시 태어나도 또 할 만큼 화학은 재미있어."

나의 대답에 학생들은 의아한 표정이었다. 학교에서는 화학을 어려워하는 '화포자(화학 포기자)'가 늘어난다고 하였다.

학생들이 돌아간 후에 '어려운데 재미있나요?'라는 말이 머리에 맴돌았다. 현대를 사는 우리는 화학 없이는 삶을 유지할 수 없다는 것을 안다. 그러나 단지 어렵다는 생각만으로 화학을 기피한다. 이런 기피 현상은 개인은 물론 인류 전체의 발전에 부정적인 영향을 미친다.

'어떻게 하면 화학에 대한 거부감을 조금이나마 줄일 수 있을까?'

이 고민은 이 책을 집필하는 계기가 되었다. 이 책의 저술 목적은 화학을 처음 만나는 이들이 거부감 없이 쉽게 읽을 수 있도록 하는 것이다. 화학은 매우 논리적인 학문이므로, 암기만으로 익히면 당연히 어려울 수밖에 없다. 따라서 암기보다는 이해에 초점을 맞추어 최대한 풀어서 서술하였다. 또한 독자들의 거부감을 줄이기 위해 수식과 표와 반응식은 그림으로 표현하였다. 모쪼록 모든 독자가 이 책을 편하게 읽고, 화학을 더 쉽게 이해하기를 바란다. 그래서 이 책이 화학과 더 친해질 수 있는 마중물이 되기를 바란다.

이 책은 모두 13개의 이야기로 구성된다. 대학의 일반화학 수준의 내용을 다루지만 청소년이나 화학을 처음 대하는 이들을 위해 가능한 한 쉽게 서술하였다.

1~2강에서는 물질과 화학에서 사용하는 언어들을 설명한다. 3~5강에서는 원자 구조, 전자, 원자의 암호문인 주기율표를 차례로 강론한다. 6강에서는 에너지, 7강에서는 입자들의 상호 작용, 8강에서는 물질의 상태와 성질의 관련성을 논의한다. 9강에서는 결합 이론과 종류, 10~11강에서는 화학 반응을 다룬다. 12~13강에서는 유기 분자와 생체 분자의 기능성을 살펴본다.

마지막으로, 이 책을 쓰기까지 사랑으로 격려해준 가족들에게 감사의 마음을 전한다. 아울러 이 책이 출판되기까지 도와준 자유아카데미에도 감사드린다.

2021년 7월

내동면 휴먼빌에서

차 례

제1강

자연은 물질의 집합체이다

우리는 자연 속에서 자연과 더불어 살아갑니다. 자연이란 무엇인가요?

자연은 다양한 종류의 물질과 생명체가 조화를 이룬 집합체입니다. 자연의 생명체는 주어진 환경에서 안정한 형태로 머물러 살고 있습니다. 무엇이 이처럼 자연을 자연스럽게 할까요? 보이는 것만이 자연의 전부는 아닙니다.

감각과 육안으로 보는 자연의 물질 밑바탕에는 무엇이 있을까요?

자연의 저 깊은 곳에는 원자라는 알갱이가 있습니다. 자연은 원자로 쓰이고 만들어진 걸작입니다. 과학적인 관점으로 보면 자연은 '물질 덩어리의 집합체'입니다. 인류는 이 집합체의 맨 위에 있습니다.

우리는 매일같이 음식을 먹고, 차도 마시죠. 멋진 옷을 입고 아름다운 자연을 산책하며 더불어 살아갑니다. 일상에서 우리 주변의 자연을 조금만 더 관심있게 둘러보세요. 다양한 색과 모양, 풍미로운 맛과 그윽한 향기, 그리고 무수한 종류의 물질과 동식물이 잘 어우러져 있음에 놀랄 겁니다. 이런 자연의 다양성, 안정성, 연속성이 자연을 자연스럽게 합니다.

화학을 이야기하기 전에, 먼저 자연과 우리의 삶에 대해 조금 더 구체적으로 생각해봅시다. 지구의 2/3가 물에 덮여 있지만, 비가 오지 않으면 육상 생물은 생존에 위협을 받습니다. 뿐만 아니라, 지구상의 생명체는 먹지 않으면 생존하지 못합니다. 생명체가 생존하려면 수분과 영양분과 에너지가 필요합니다. 현대 사회 또한 에너지 없이는 작동되지 않습니다. 이 모두는 일상적인 과학적 과정들입니다.

과학적 과정은 물리적 과정과 화학적 과정으로 나뉩니다. 우리의 삶이란, 물리적 작용 및 화학적 작용의 결과인 셈이죠. 우리 삶과 자연의 중심에는 물질과 에너지가 관련되어 있습니다.

자연과 생명체는 모두가 일종의 화합물 덩어리입니다. 물질은 '측정 가능한 질량과 부피가 있는 것'으로 정의합니다. 자연의 다양성, 안정성, 조화성, 연속성 같은 속성은 물질 때문입니다. 따라서 자연과 생명체를 이해하려면 물질을 이해해야 합니다.

그렇다면 물질을 어떻게 이해하면 좋을까요?

자연에 존재하는 물질은 순수할 수도 있고, 섞여 있을 수도 있습니다. 자연에 있는 물질을 이해하려면, 먼저 순수한 해당 물질의 구성 원소, 모양, 특성과 이름을 들여다보는 것이 좋습니다. 어떤 원소들로 만들어졌는가를 아는 것이 필수적입니다. 구성 원소가 다르면 다른 물질이며, 성질 또한 전혀 다르기 때문입니다. 물질의 구성 원소 정보는 화학식으로 알 수 있습니다.

모양과 상태에 대한 이해도 중요합니다. 삼차원 구조가 물질의 모양을 결정하며, 모양이 다르면 특성 또한 다릅니다. 같은 물질이라도 기체인지, 액체인지, 고체인지에 따라 다른 특성을 나타내기도 합니다. 예를 들어, 물은 기체인 수증기일 때와 액체인 물, 그리고 고체인

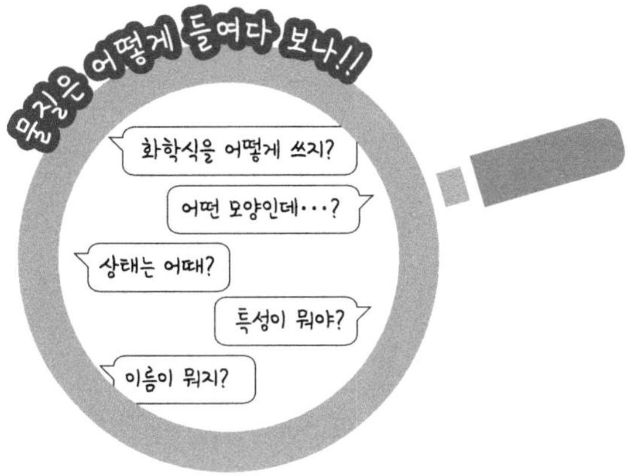

얼음에서 형태와 특성이 다릅니다.

한편 순수한 물질의 이름에도 많은 정보가 포함되어 있습니다. 물질의 이름에는 구성 원소의 종류, 구조, 형태(이온성 또는 분자성) 및 특성들에 대한 정보가 다양하게 포함되어 있습니다.

물질은 원소로 구성되어 있을 뿐 아니라, 에너지도 함유하고 있습니다. 물질의 성질과 반응을 다루는 학문이 화학이죠. 즉, 화학은 '원소가 쓴 책'입니다.

오늘날 과학자들은 화학이 기초과학, 생명과학, 의약학 계열, 공학 계열 등의 중심에 있다고 인식하고 있습니다. 즉, 모든 자연과학과 공학을 이해하고 수행하는 데는 화학이 절대적으로 필요하다는 겁니다.

물질은 다양하다

이제, 물질을 어떻게 설명하고 다루는지를 살펴볼까요?

물질은 다양한 종류와 계열로 구분합니다. 일상에서 만나는 대부분의 물질은 다양한 화합물로 구성되어 있습니다. 물질은 순도purity에 따라 순물질pure substance과 혼합물mixture로 구분할 수 있습니다. 순도는 물질이 얼마나 순수한지를 나타내는 척도입니다. 100% 순수한 물질의 제조는 쉽지 않습니다. 특히 반도체에 사용되는 실리콘silicon(Si)은 포함된 불순물의 함량이 10조 분의 1(0.1 ppt로 표시함) 미만이어야 합니다. 따라서 실리콘은 순도에 따라 그 값이 엄청난 차이를 보이죠.

순물질은 '한 가지 성분만으로 이루어지고, 일정한 물리적 성질(녹는점, 끓는점, 밀도 등)을 나타내는 물질'입니다. 순수한 물(증류수), 정제된 설탕과 소금 등이 순물질의 예입니다.

그러나 설탕물과 소금물은 설탕과 소금이 물에 녹아 있는 '혼합물' 입니다. 혼합물은 두 가지 이상의 순물질이 혼합된 물질입니다. 균일 혼합물homogeneous mixture은 섞여 있는 물질이 육안으로 구분되지 않습

혼합물? 순물질?

- **순물질:** 단일 성분
  예) 설탕, 증류수
- **혼합물:** 2가지 이상의 순물질 혼합
  예) 설탕물, 소금물

니다. 그러나 흙탕물은 흙이 녹지 않은 채로 섞여 있습니다. 이런 혼합물은 불균일 혼합물heterogeneous mixture이라고 합니다.

그러면 자연의 다양성은 무엇에 기인할까요?

순물질은 각각 독특한 물리적, 화학적 성질을 나타냅니다. 물질의 특성은 물질의 구성 성분과 구조 및 상태에 의존합니다. 특별히 구성 성분이 가장 중요합니다. 따라서 순물질의 종류와 양, 상태 및 모양이 자연이 다양성을 가지게 합니다.

그렇다면 순물질은 무엇으로 구성될까요?

순물질은 원소element와 분자molecule와 이온ion 등으로 구성됩니다. 또한, 순물질은 낱개로 셀 수 있는 원자의 종류에 따라 원소와 화합물로 구분합니다.

원소는 물질의 기본 성분이며, 더 이상 분해되지 않는 알갱이입니다. 원자는 하나의 핵을 가지는 중성 입자로 원소의 성질을 가지는 최소 단위체입니다. 예를 들어, 원소로 분류되는 네온(Ne) 기체는 더 이상 물리적인 방법으로 쪼갤 수 없고, 일정한 조건에서는 동일한 밀도,

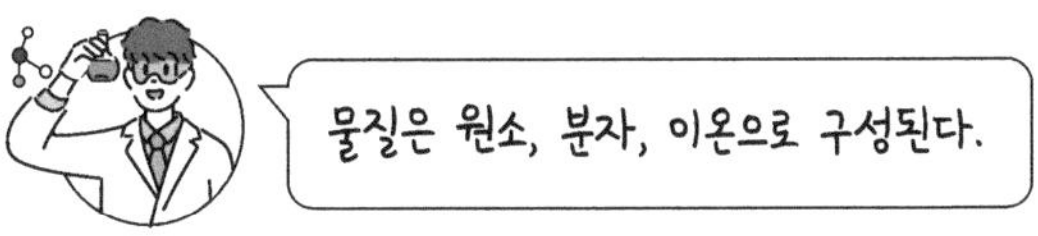

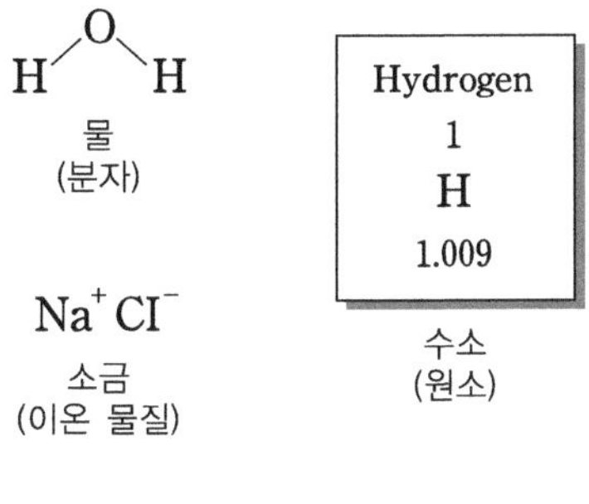

녹는점 그리고 끓는점을 갖는 순물질입니다. 이처럼 한 종류 원소로만 구성된 물질을 홑원소 물질simple substance이라고도 합니다.

화합물은 분자로 이루어지거나 이온으로 이루어져 있습니다. 예를 들어, H_2O로 표시하는 물은 중성 분자이고, NaCl로 표시하는 소금은 양이온인 Na^+와 음이온인 Cl^-로 구성된 이온 화합물입니다.

분자는 두 개 이상의 비금속 원자가 공유 결합•에 의해 일정한 형태(모양, 구조)로 결합된 화학종입니다. 분자는 전기적으로 중성이며, 물질의 고유한 성질을 가지는 기본 입자 단위이죠. 분자는 깨어지면 그 특성을 상실합니다. 예를 들어, 이산화 탄소(CO_2)는 탄소 원자 한 개와 산소 원자 두 개가 공유 결합을 해서 이루어진 분자 화합물입니다. 이산화 탄소는 물리적인 방법으로 더 이상 분해시킬 수 없고, 일정한 조건에서는 동일한 물리적 성질(밀도, 녹는점 그리고 끓는점)을 갖는 순물질입니다.

이온은 '원소나 화학종이 양전하(+)나 또는 음전하(−)를 띠는 물질'입니다. 소듐(Na) 원자가 전자 하나를 상실하면 Na^+라는 양이온이 됩니다. 또 염소(Cl) 원자가 전자 하나를 획득하면 Cl^-라는 음이온이 되고, 이 두 이온이 이온 결합을 형성하면 소금(NaCl)이 됩니다. 소금은 Na^+와 Cl^-으로 구성된 이온 화합물입니다. 이온 화합물은 양이온과 음이온 종의 정전기적 인력으로 형성되는 이온 결합으로 만들어집니다. 이온 화합물은 분자가 아니며 분자식 대신 화학식으로 나타냅

- 공유 결합: 결합 원자들이 전자를 서로 공유하여 만드는 결합

니다.

원자는 모든 물질의 기본 구성 입자입니다. 원자는 통상적인 화학 반응으로는 더 이상 쪼갤 수 없는 물질의 기본 구성 알갱이입니다. 몇 가지 원소(헬륨, 네온, 아르곤, 크립톤, 제논, 라돈 등)를 제외한 유리된 원자는 대부분 불안정합니다.

과학자들은 개별 원자보다는 분자에 더 관심이 큽니다. 분자가 물질의 특성을 나타내는 기본 단위이기 때문입니다. '분자molecule'라는 단어는 미립자 또는 원자를 나타내는 프랑스어 molécule로부터 유래되었습니다.

화합물은 어떻게 구성될까요?

화합물은 일정한 비율의 구성 원소로 이루어집니다. 화합물은 두 종류 이상의 원소가 결합하여 만들어진 순수한 물질입니다. 그러나 화합물은 구성 원소와는 다른 자신만의 특성을 나타냅니다. 예를 들어, 물은 한 개의 산소(O)와 두 개의 수소(H)로 구성되어 있습니다. 화합물인 물(H_2O)의 성질은 구성 원소인 산소나 수소의 성질과는 전혀 다릅니다.

원소들이 결합하여 화합물이 되면, 원소 자체의 성질은 사라지고 화합물의 특성이 나타납니다. 분자 화합물의 구성 원소들을 물리적 방법으로는 분리시킬 수 없습니다. 만일 분자가 분해되면 분자 화합물의 특성을 잃게 됩니다. 그래서 설탕 분자가 분해되면 맛을 잃어버리죠.

물질은
성질에 따라 구분한다

물질은 성질에 따라 세 가지로 구분할 수 있습니다. 신맛이 나는 산성 물질, 미끈거리고 쓴맛이 나는 염기성 물질 그리고 여기에 속하지 않는 중성 물질 등입니다.

왜 이런 성질의 물질들이 존재할까요?

우리가 사는 지구의 자연 환경에는 엄청난 양의 물과 산소가 존재합니다. 따라서 자연계에는 자연스럽게 산성과 염기성 환경이 조성되었습니다. 자연의 많은 현상들이 산과 염기의 성질 때문에 나타난 결과들이기도 합니다. 수많은 산-염기 반응의 예가 동물과 곤충, 심지어는 식물에서도 발견됩니다. 뿐만 아니라 암석과 광물의 침식과 용해에 의해 생성되는 웅장하고 아름다운 풍경도 산-염기 반응의 결과인 것이 많습니다.

산과 염기를 더 살펴보죠.

우리가 먹는 오렌지나 레몬은 신맛이 납니다. 잿물이나 비누를 만지면 미끈거리고 쓴맛이 납니다. 산acid은 '시큼하다'는 의미를 가집니다. 대표적인 것들이 과일에 들어 있는 신맛 성분들입니다. 이들을 산이라는 부류로 구별합니다. 또한 비누처럼 피부에 접촉하면 미끈거리고 쓴맛을 내는 부류의 물질은 염기base라고 구별합니다. 염기는 산과 반응하여 중성 물질인 염salt을 생성합니다. 이 반응을 중화 반응neutralization이라고 합니다.

'Acid'는 신맛을 나타내는 라틴어 'acidus'에서 유래되었고, 우리말

물질은 산, 염기, 중성으로 구분한다!

- **산:** 신맛이 난다 예) 오렌지, 식초
- **염기:** 쓴맛이 난다 예) 비누
- **산–염기 반응: 중화 반응**

로는 '산'으로 번역합니다. 산은 신맛을 내기 때문에 그렇게 쓰였습니다. 염기는 '알칼리'의 동의어입니다. 알칼리alkali는 '재'를 뜻하는 아랍어 'al–qality'에서 유래되었습니다. 오늘날에는 'base'라는 용어로 표기합니다. 우리말로는 '염기'라고 번역하죠. 이 단어는 '기초'를 의미하는 그리스어 'basis'로부터 유래되었습니다. 산과 염기가 반응하면 중성 물질인 염을 생성하죠. 따라서 base는 염을 생성하는 데 기초가 된다고 해서 붙여진 용어입니다.

물은 산인가, 염기인가?

물 분자 자체는 중성 분자입니다. 그러나 천연에 있는 대부분의 물은 약한 산성이거나 약한 염기성입니다. 물은 전기를 통하게 합니다. 물이 어떻게 전기를 통하게 하는지를 이해하면, 물의 산–염기 성질을 가늠할 수 있습니다.

물은 수소 원자 2개와 산소 원자 하나로 형성된 H_2O라는 분자이죠. 만일 물이 공유 결합 분자로만 존재한다면, 물은 전기를 통하게 할 수 없을 것입니다. 그러나 순수한 물도 전기를 통하게 합니다. 이런 결과는 이온이 존재한다는 것을 의미합니다. 그래서 물에 젖은 손으로 전기 플러그를 만지는 것은 위험한 행동입니다.

물은 산 또는 염기로 작용하는 양쪽성 물질이다!

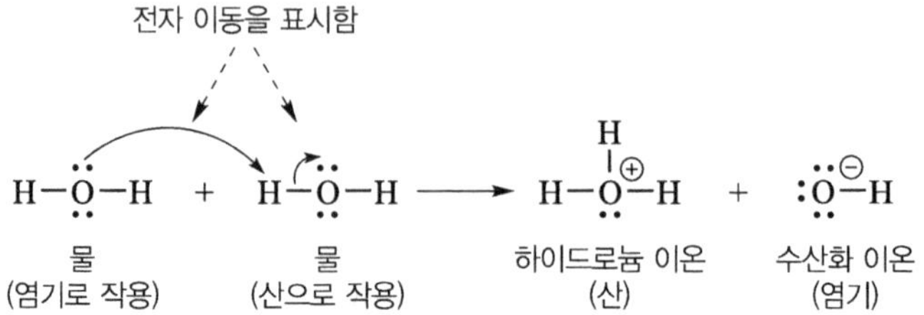

양쪽성

그렇다면 중성 분자인 물에 어떻게 이온이 존재하며, 전기를 통하게 할까요?

순수한 물에 어떤 이온이 존재하는지, 분자 수준으로 살펴봅시다. 지금까지 알려진 사실은 물 분자들이 그들 자체로 반응하여 하이드로늄 이온hydronium ion(H_3O^+)과 수산화 이온hydroxid ion(HO^-)이 생성된다는 것입니다. 물 한 분자에서 다른 물 분자로 하나의 양성자(H^+)가 전달되어 이온종들이 생성되는 것이죠. 두 물 분자 중에서 하나는 산으로, 다른 하나는 염기로 작용하는 겁니다. 산성 물질과 염기성 물질의 반응을 '산-염기 반응'이라고 합니다.

물은 때로는 산으로 작용할 수 있고, 때로는 염기로 작용할 수 있는 양쪽성amphoteric 물질입니다. 양쪽성 물질은 그 나름의 특별한 성질을 가지므로 중요합니다. 양쪽성 물질의 다른 예로는 생명체의 아미노산, 생체막의 인지질 그리고 일부 금속 산화물 등이 있습니다.

인류는 과학지식이 늘어나면서 산과 염기를 구체적으로 구분하기 시작했습니다. 산과 염기에 대한 용어의 정의는 1800년대 후반부터 이루어졌습니다.

화학에서 산과 염기를 구분하는 데는 나름대로의 기준을 이용합니다. 맨 처음 제안된 아레니우스(Svante Arrhenius, 1859~1927) 개념에서는 수용액에서 양성자(H^+)를 생성하는지 아니면 수산화 이온(HO^-)을 생성하는지를 기준으로 하였습니다. 아레니우스 개념을 보완한 브뢴스테드(Johannes Nicolaus Brønsted, 1879~1947)–로우리(Thomas Martin Lowry, 1874~1936) 개념에서는 수용액에서 양성자를 주고받는 것을 기준으로 하였습니다. 앞의 두 개념으로 설명할 수 없는 산 염기의 설명을 위해 루이스(Gilbert N. Lewis, 1875~1946)는 전자쌍을 기준으로 하였습니다. 전자쌍을 받는 물질은 산, 전자쌍을 주는 물질은 염기로 정의하였습니다.

루이스 개념은 유기화학에서 더 유용하게 이용됩니다. 반면에 수용액에서 일어나는 생명체의 반응에서는 브뢴스테드–로우리 개념이 더 많이 활용됩니다.

- **아레니우스 개념:** 수용액에서,
  산: H^+ 생성 물질　　염기: HO^- 생성 물질
- **브뢴스테드–로으리 개념:** 수용액에서,
  산: H^+ 주는 물질　　염기: H^+ 받는 물질
- **루이스 개념:**
  산: 전자쌍 받는 물질　　염기: 전자쌍 주는 물질

크기로 물질을 구분하기도 한다

고대 지식인들은 눈으로 보고 다루고 측정할 수 있는 크기의 거시적인 물질만을 다룰 수 있었습니다. 반면 현대인들은 거시적인 물질뿐만 아니라, 너무 작아서 현미경으로나 관찰할 수 있는 동물 세포, 박테리아 정도의 미시적인 물질도 다룹니다. 더 나아가서 이들보다 더 작고 흥미로운 크기의 물질을 발견하고 이해하기 시작했습니다. 곧 나노nano 크기 물질입니다.

오늘날 나노과학nanoscience 분야에서는 나노미터 규모(십억 분의 1미터)에서 원자를 다루고 있습니다. 원자, 물 분자, 설탕 분자와 단백질은 나노 크기 물질들입니다. 흔히 말하는 나노기술nanotechnology은 1~100 나노미터(nm) 크기의 물질을 다루는 기술을 말합니다. 나노는 '10^{-9}의 크기'를 의미합니다.

그렇다면 왜 과학자들이 나노 물질에까지 관심을 가질까요?

어떤 물질의 크기가 몇 나노미터 정도로 작아지면, 이들 입자의 광학적 및 전기적인 성질이 크게 변합니다. 이러한 크기(대략1~10 nm)의 입자를 양자점quantum dot•이라고 합니다.

다양한 형태의 양자점에 빛을 쪼이거나 전기를 걸어주면, 각기 특정한 진동수의 빛을 방출합니다. 입자의 크기, 모양 그리고 재료 물

• 양자점: 크기가 수 나노미터 크기에 불과한 초미세 반도체 입자

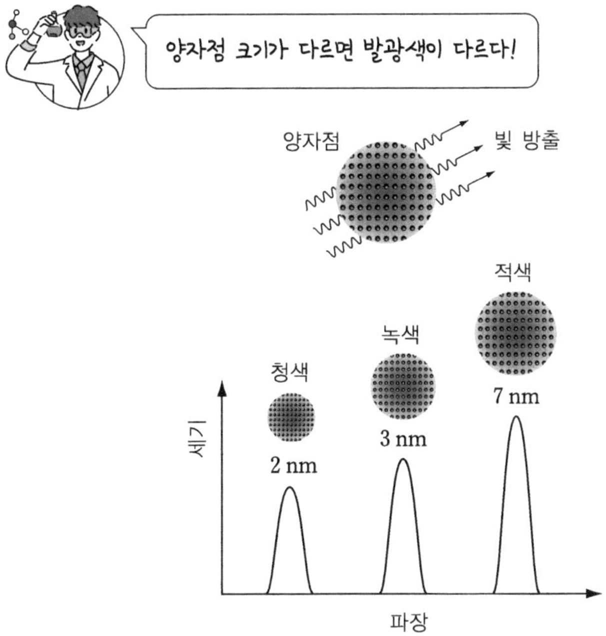

질에 따라 방출되는 빛이 다릅니다. 즉 한 종류의 물질로 입자의 크기만을 달리하여 흡수되거나 방출되는 빛의 진동수나 파장을 조절할 수도 있죠. 양자점 기술로 만든 디스플레이 장치는 기존의 PDP, LCD, LED 및 OLED 장치보다 색상이 더 선명하고 수명이 깁니다.

우리가 알고 있는 프랑스의 샤르트르 대성당의 스테인드 글라스의 붉은 색도 금 나노 입자로 만들어졌습니다. 뿐만 아니라 탄소 나노튜브nanotube와 그래핀graphene 또한 나노기술의 산물입니다. 나아가서 나노기술로 하나의 분자로 된 모터, 스위치, 로봇 같은 걸작도 만들었습니다. 이들을 분자 모터molecular motor, 분자 스위치molecular switch, 분자 로봇molecular robot이라고 합니다.

물질은 유기물과 무기물로도 구분한다

19세기 초에는 자연에 존재하거나 우리가 사용하는 물질들을 유기 물질과 무기 물질로 구분했습니다. 식물이나 동물같은 생명체로부터 유래된 물질은 유기 물질organic substance이라고 했습니다. 광물이나 기체 등과 같이 무생물로부터 유래된 물질은 무기 물질inorganic substance로 구분하였습니다. 그러나 독일 화학자 뵐러(Friedrich Wöhler, 1800~1882)가 무기 화합물인 사이안산 암모늄ammonium cyanate(NH_4OCN)으로 유기 화합물인 유레아urea[$CO(NH_2)_2$]를 만들었습니다. 이어서 또 다른 예들이 알려지면서 유기 물질과 무기 물질을 새롭게 정의하게 되었습니다.

오늘날에는 유기 물질은 '탄소와 수소를 포함하고 있는 물질'로 정의합니다. 또 무기 물질은 '탄소와 수소를 포함하지 않는 물질'로 정의합니다. 자연은 유기물과 무기물로 이루어진 총체인 거죠. 따라서 자연을 이해하려면 유기물과 무기물 모두를 이해하여야 합니다.

인류는 100여 개 정도에 불과한 원소들이 만든 분자의 시대를 살고 있습니다. 앞에서 우리는 미시적인 원자와 분자의 세계를 다뤘습니다. 눈을 돌려 원자들이 어떻게 생명체나 나무나 자동차나 스마트폰이 가능하게 하는지를 생각해 보죠.

모든 물질의 그 밑바닥의 중심에는 원자가 있음이 분명합니다. 자연의 모든 물질은 원자, 이온 및 분자로 이루어졌습니다. 그리고 이들 화학종은 각기 다른 결합으로 만들어집니다. 흔히 첨단이라고 하는 과학 기술 분야나 제품의 바탕에는 분자 화학molecular chemistry이 있습니다.

오늘날에는 기초 학문 분야인 화학, 물리, 생물 등을 비롯한 유전학, 나노과학, 인공지능 및 로봇공학 등의 방대한 융합이 미래 4차 산업을 주도하고 있습니다. 모든 물리 과학과 생활과학의 중심에 화학이 있습니다. 서로 다른 분야의 이런 융합적 발전에서는 하나의 기술이 다른 기술들의 발전 속도에 영향을 미칩니다.

예를 들면, 오늘날 인공지능 분야가 모든 관련 학문과 산업분야가 급속하게 발전하도록 이끌고 있습니다. 물론, 물질을 다루는 분야에서는 화학이 중심이 되고 있습니다.

이미 1970년대부터 화학을 중심 과학central science이라고 보는 시각들이 있어 왔습니다. 화학의 이런 중요성을 인식한 미국 화학회에서는 2015년 「ACS Central Science」라는 학술지를 창간하였습니다. 이 학술지는 화학이 관련된 모든 학문 분야의 학제간 연구 정보의 소통을 위해 창간되었습니다.

생명체의 중심에 유기 분자가 있다

오늘도 우리는 야채와 과일을 비롯한 다양한 음식을 먹고 에너지와 영양분을 얻습니다. 조리에 필요한 에너지는 석유 연료를 태워 얻거나 전기 에너지를 사용합니다. 우리는 화학 물질이 삶에 어떤 영향을 미

자연과 생명체 중심에 유기 분자가 있다!

> **유기 분자**: 탄소와 수소를 주축으로 만들어진 분자
> 카페인, 에탄올, 아미노산, 단백질, 지방, 탄수화물, 셀룰로스, DNA, RNA, 아스피린, 바이닐, 모르핀, 타이레놀

치는지 잘 알고 있습니다. 차와 커피에 있는 카페인caffeine과 포도주 속의 에탄올ethanol은 적당히 섭취할 때 우리 삶을 윤택하게도 합니다.

통증이 오면 진통제를 복용합니다. 아스피린aspirin이나 타이레놀tyleol 같은 합성 의약품을 진통제로 복용하죠. 양귀비로부터 채취한 모르핀morphine도 강한 진통 효과를 냅니다.

의약화학medicinal chemistry이 발전하기 이전에는 대부분의 의약품은 식물에서 얻었습니다. 오늘날에는 천연물로부터 개발된 약품이라도 대부분 공장에서 대량 합성하여 사용합니다.

음식과 약물의 주요 성분은 유기 분자organic molecule입니다. 무려 2천만 개 가량의 유기 화합물이 알려져 있습니다. 화학자들은 매년 수천 종의 화합물을 합성하는데 그중 90% 이상이 유기 화합물입니다.

탄소를 포함하고 있는 화합물을 연구하는 분야를 유기화학organic chemistry이라고 합니다. 유기화학은 탄소 화합물(즉, 유기 분자)의 합성, 구조, 특성 및 반응성 등을 연구하는 분야입니다. 따라서 유기 분자를 다루는 모든 과학 분야에서 매우 중요한 분야입니다.

식물과 유기 생명체로부터 발견되는 세포와, 이들의 생명 현상과 유전을 담당하는 단백질protein, 탄수화물carbohydrate, 지방lipid 그리고

DNA, RNA 같은 핵산nucleic acid이 모두 유기 분자입니다. 따라서 살아 있는 생명체의 화학적 성질을 연구하는 의학, 약학, 생물 화학과 유전학에서 유기물을 이해하는 것은 매우 중요합니다. 또한 거대한 규모의 천연물과 생명 현상에 관련 물질을 이해하려면, 우선적으로 나노 크기의 유기 분자들을 이해해야 합니다.

유기 분자가 자연과 생명체의 중심에 있습니다. 이런 유기 분자의 다양성이 자연을 자연스럽게 하는 거죠. 일반적으로 유기 분자는 그 구조와 성질이 매우 다양합니다. 유기 분자의 이런 다양성은 무엇 때문일까요? 답은 유기 분자의 중심 원자가 탄소이기 때문입니다.

탄소의 다양한 특성을 결합의 관점에서 살펴봅시다. 탄소 원자는 다양한 종류의 결합을 할 수 있습니다. 뿐만 아니라, 탄소는 여러 종류의 원소들과도 강한 결합을 합니다. 특히 2주기 원소인 수소(H), 산소(O), 질소(N), 할로젠(X) 등과 강한 공유 결합을 형성합니다. 또한 다른 탄소 원자나 질소 및 산소 원자 등과 이중 결합 및 삼중 결합과 같은 다중 결합도 형성하죠.

탄소는 4개의 원자가전자를 가지고 있어 탄소를 포함한 다른 원자들과 최대 4개의 단일 결합을 이룹니다. 뿐만 아니라 탄소로만 구성된 긴 사슬이나 고리 구조도 가능하죠. 이 또한 탄소가 갖고 있는 독특한 능력입니다.

유기 분자 중에는 극성인 것과 비극성인 것들이 있습니다. 이들은 용해도나 반응성이 다릅니다. 예를 들어, 비극성 분자는 비극성 용매에만 녹고, 극성 분자는 물과 같은 극성 용매에 녹습니다. 자연의 생명체에서 일어나는 반응의 대부분은 물에서 일어나는 수용액 반응이란 점을 생각해보세요. 분자 극성의 차이가 어떻게 자연의 다양성에 기여하는지 이해할 수 있습니다.

제2강

화학에도 언어가 있다

사람은 일상의 삶을 살면서 서로가 늘 소통해야 합니다. 소통을 위해 인류는 언어와 문자, 그림, 기호나 신호 등을 이용합니다. 또한 인류는 문명이 발달하면서 학문이나 특수한 분야를 설명하고 기록해야 했습니다. 우리는 그런 목적을 이루기 위해 특별한 언어나 기호를 사용합니다.

오늘날 각 학문 분야의 깊고 넓은 내용을 학습하고 전달하고 발표하는 데는 별도의 언어들이 사용됩니다. 비록 같은 문자나 기호일지라도 분야가 다르면 다른 의미를 나타내기도 합니다. 화학도 나름의 언어를 사용합니다. 따라서 화학을 배우기 위해서는 먼저 화학에서 사용되는 '화학의 언어'를 이해해야 합니다.

화학의 언어란 무엇인가?

화학에도 언어가 있을까요?

그렇습니다. 화학뿐만 아니라 자연에도 나름의 언어가 있습니다.

지구상의 생명체는 사람보다 훨씬 일찍 소통의 언어를 발전시켰습니다. 한 가지 예로, 생명체는 DNA로 유전 정보를 저장하고, RNA를 이용해 전달하고 발현합니다. DNA는 수십억 년 전에 만들어졌습니다. DNA와 RNA는 수소 결합을 이용하여 유전 정보를 복제하고 전달합니다. 수소 결합이 이들의 소통 언어인 셈이죠.

인류도 물질의 세계를 언어로 나타내려는 시도를 했습니다. 인류의 언어적인 초기 시도는 어떤 것일까요? 고대인들은 그림이나 그들만의 기호로 물질과 삶을 표현하고 소통했습니다. 그러나 보이는 자연의 일부를 그림으로 나타낼 수는 있었지만 자연의 밑바닥에 숨어 있는 보이지도 않고, 만질 수도 없는 요소들을 표현하기는 어려웠습니다. 각 물질의 성분, 성질(반응성), 색, 냄새, 맛 등을 표현하지는 못했죠.

인류는 물질을 보다 구체적으로 표현할 수 있는 방식을 꾸준히 추구해 왔습니다. 문명이 발달하면서 그림, 문자, 기호 및 수를 이용한 물질의 표현 언어가 등장했죠. 특히 이런 언어는 과학 혁명기인 17~18세기 들어 유럽을 중심으로 크게 발전하였습니다. 특별히 과학적 사실을 수학적 방법으로 서술하고 소통하는 '과학의 수학화'가 크게 기여하였습니다.

과학자들은 서로가 인정하는 문자, 기호, 숫자와 표기 방법 등을 소통의 언어로 사용하기 시작했습니다. 이는 자신의 과학적 결과를 다른 사람에게도 알리기 위함이었습니다.

이처럼 다양한 문자, 숫자 및 기호로 물질을 기술하면 어떤 장점이 있을까요? 과학적 사실을 기호나 문자로 표현하면, 내용의 객관성을 유지할 수 있습니다. 또한 단순하게 표현할 수 있으므로 보다 편리합

화학의 언어가 있나? 있어요!

- 원소기호
- 명명법
- 기호
- 분자 구조식
- 반응식
- 숫자

니다. 그리고 서로 다른 언어를 사용하더라도 과학적 내용을 소통하고 공유할 수 있습니다.

화학 언어를 살펴봅시다. 국제적으로 통용되는 화학만의 공통 언어 체계가 구축되어 있습니다. 오늘날 이런 화학 언어들은 국제 순수 및 응용 화학 연합International Union Pure and Applied Chemistry(IUPAC)에서 제정합니다. 화학과 관련된 모든 논문과 서적이 화학의 언어를 바탕으로 서술되고 표기되어 있습니다.

물론 학술적 토론도 이런 화학 언어를 사용하여 이루어집니다. 따라서 물질과 그들의 반응을 다루는 화학을 이해하려면 화학 언어를 반드시 알아야 합니다.

대표적인 화학의 언어에는 원소 기호, 분자 구조식, 화합물 명명법, 반응식, 그 외에 다른 과학에서도 흔히 사용되는 여러가지 기호와 숫자들이 있습니다.

우리가 다루는 화합물들의 성분과 모양과 그들의 성질이나 반응 등을 한 가지 기호나 방식으로 표현할 수는 없습니다. 예를 들어, 설탕 성분인 글루코스glucose는 6개의 탄소(C), 12개의 수소(H) 그리고 6개의 산소(O)로 구성되어 있습니다. 이를 화학식 $C_6H_{12}O_6$로 표시할 수 있습니다. 그런데 글루코스는 D-글루코스, 덱스트로스dextrose 또는 β-D-글루코피라노스β-D-glucopyranose 등 여러 가지 이름으로 불리기도 합니다.

왜 한 가지 화학식으로 표현되는 물질이 여러 이름으로 불릴까요?

한 가지 물질이 다르게 불리는 것은 복잡하고 혼란스러우며 소통에 어려움을 겪게 되죠. 그러나 이처럼 몇 가지 이름으로 불리는 데는 이유가 있습니다. 바로 이름에다 물질이 가지는 특정 정보를 포함해서 나타내려고 하기 때문입니다. 이에 대해서는 뒤에서 다시 설명하겠습니다.

이름에 표시된 이런 정보는 화학식만으로 나타낼 수 없죠. 따라서 각 물질을 보다 더 구체적으로 나타내는 표현 방법과, 물질의 반응에 대한 지식을 표현하는 언어가 필요합니다. 여기에 사용되는 언어는 문자와 기호와 숫자로 이루어져 있습니다.

오늘날에는 사람뿐 아니라 기계도 읽을 수 있는 물질의 언어까지 등장했습니다. 이 기계 언어를 표준 국제 화학 식별자•라고 하며, IUPAC에서 만들었습니다. 이 식별자는 일종의 물질의 큐알(QR) 코드인 셈이죠.

• 표준 국제 화학 식별자(InCHI): inchee로 발음함.

물질은 구성 원소로 나타낸다

원소는 물질의 기본 알갱이입니다. 우주의 모든 물질은 원소로 이루어져 있죠. 지금까지 알려진 원소는 무려 118개나 됩니다. 이 원소는 문자로 된 기호, 즉 원소 기호symbol of element로 표시합니다.

물질을 기호로 나타내려는 시도는 오래전 고대 이집트로 거슬러 올라갑니다. 고대 이집트 사람들은 7개의 금속 원소를 알고 있었습니다. 당시에는 원소들을 별에 비유하여 만든 기호로 표기했죠. 이 표기법이 어느 정도 변화는 있었지만, 서양의 중세 연금술에 이르기까지 그대로 사용되었습니다.

그러나 16~17세기의 과학 혁명기를 지나면서 더 많은 원소들이 알려지자, 기존의 표기법이 불편해졌습니다. 이 문제를 해결하기 위해서 원을 이용한 새로운 원소 기호 표기법을 고안한 사람이 있습니다. 바로 원자설을 주장한 영국 화학자 돌턴(John Dalton, 1766~1844)입니

고대 원소 기호(상), 돌턴의 원소 기호(하)

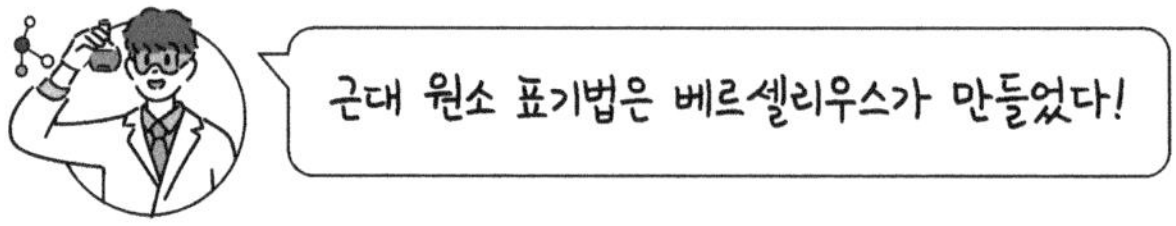

베르셀리우스의 원소 표기법

- 로마자 하나 또는 두 글자로 표기한다.
- 원소 기호는 그리스어, 영어, 독일어 원소 이름에서 따온다.
  예) 구리: 라틴어 Cuprum → Cu
  은: 라틴어 Argentum → Ag
  산소: 영어 Oxygen → O
  크로뮴: 독일어 Chrom → Cr
- 첫 글자는 대문자로, 두 번째 문자는 소문자로 쓴다.

다. 그러나 점점 더 많은 원소가 알려지면서, 이 방법으로도 불편을 온전히 해결하지는 못했죠. 이런 불편은 베르셀리우스에 의해 해결되었습니다. 오늘날 우리가 118개의 원소를 표기하는 데 사용하는 새로운 표기법은 베르셀리우스(Jöns Jakob Berzelius, 1779~1848)가 제안한 것입니다.

베르셀리우스는 라틴어, 독일어, 영어로 불리는 원소 이름을 바탕으로 간단한 원소 기호를 만들었습니다. 이 근대 원소 기호 표기법의 출현으로 화학을 정량적으로 표시할 수 있게 되었습니다. 뿐만 아니라 이 표기법은 원소 주기율표의 등장에도 크게 기여했죠. 원소 기호를 이용하면 다양한 물질을 나타내는 데 편리합니다.

물질은 각기 독특한 성질을 나타냅니다. 그 이유는 물질마다 종류와 수가 다른 원소들로 이루어졌기 때문입니다. 따라서 물질을 이루고 있는 원소의 종류뿐만 아니라 원자의 숫자도 바르게 표시해야 합니다. 원소 종류와 수를 모두 표시한 식을 화학식chemical formula이라고

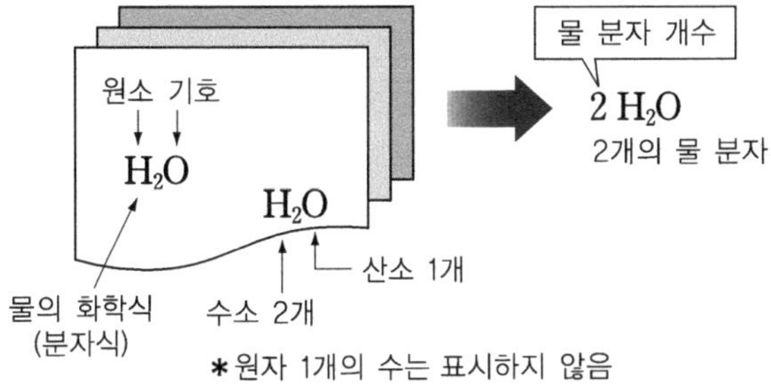

화학식 표기법

합니다. 물질의 화학식은 원소 기호와 숫자로 구성됩니다. 화학식은 물질의 조성을 기술하는 가장 간단한 표현 방법입니다.

화합물은 하나 이상의 원소들을 여러 개씩 포함하고 있습니다. 따라서 특정 화합물의 화학식은 다양한 방식으로 쓰일 수도 있습니다. 만일 그렇게 되면 매우 혼란스러울 겁니다. 그래서 화학자들은 화학식 쓰는 방법을 표준화하여 사용합니다.

화학식에서 원소는 약속된 원소 기호로 표시하고, 개수는 해당 원소 기호 오른편에 아래 첨자로 나타냅니다. 다만 한 개인 경우는 숫자 1을 표시하지 않습니다. 또 분자의 개수는 화학식 앞에 숫자로 표시합니다.

물질의 조성을 나타내는 식에 관한 용어로는 화학식 이외에도 분자식molecular formula, 실험식empirical formula, 시성식rational formula 등을 자주 접하게 됩니다. 이 용어들은 어떤 차이가 있을까요? 이 식들은 모두 원소 기호로 나타내지만 다릅니다.

실험식은 물질을 이루고 있는 원소들의 가장 간단한 조성비를 나타낸 겁니다. 다르게 말하면, 실험식은 '시료 화합물 내의 원자들의

화학식은 어떻게 쓰지?

화학식 표기법

- 주기율표에서 더 왼편에 있는 원소를 먼저 표기한다. (단, 수소는 제외)
  예) P 1개, Cl 3개면 PCl_3로 표기
- 수소는 맨 마지막에 표기한다. (단, 16족, 17족 원소와 같이 쓰는 경우는 예외)
  예) C 1개, H 4개면 CH_4로 표기
  H 1개, Cl 1개면 HCl로 표기 (Cl은 17족 원소이다.)
- 원소가 주기율표에서 모두 같은 족에 속하면, 더 아래쪽에 있는 원소를 먼저 표기한다.
  예) Cl 3개, Br 1개면 $BrCl_3$로 표기
- 양이온을 먼저 쓰고, 음이온은 뒤에 쓴다.
  예) Na^+와 Cl^-이면 NaCl로 표기

가장 간단한 질량 정수 비'입니다. 따라서 새로운 화합물을 만들거나 발견할 때마다, 해당 물질에 포함된 원소들의 상대적인 질량 백분율을 결정해서 실험식으로 나타내야 합니다. 실험식은 이온 결합 화합물을 나타내는 데 유용합니다. 그러나 분자성 물질의 경우는 분자식으로 표기해야 합니다.

왜 그래야 할까요?

순수한 분자성 물질의 분자식은 대부분 실험식과 다릅니다. 분자는 '원자들이 공유 결합을 이루어 형성되는 최소 단위'입니다. 분자식은 분자를 이루는 원소들의 종류와 수를 나타낸 식입니다. 분자식은 실험식에 적당한 계수를 조정하여 만듭니다. 이때의 조정 계수는 분자의 분자량이 되도록 조정하는 것입니다. 이 조정된 분자식의 원자량 합이 곧 분자량molecular weight이 됩니다.

분자식의 표현에 주의해야 합니다. 예를 들어, H_2O_2의 분자식을 가지는 과산화 수소의 실험식은 HO입니다. HO의 화학식량은 1(H) + 16(O) = 17(HO)이고, H_2O_2의 분자량은 34입니다. 따라서 분자량이 2×(HO)이어야 하므로, 분자식은 H_2O_2가 되는 것입니다. 만일 과산화 수소의 분자식을 $H2O_2$로 표시하면 큰 오류가 납니다. H가 1개이고 O_2가 2개인 물질[$H2(O_2)$]이기 때문입니다. 이런 물질은 존재하지 않습니다.

화학식량과 분자량은 물질을 확인하는 필수 요소입니다. 뿐만 아니라 정량 화학에서 이들의 양을 아는 것은 연구실이나 산업 현장에서 매우 중요합니다.

한편 시성식은 분자 내에 어떤 작용기가 존재하는가를 나타낸 식입니다. 작용기functional group는 '분자의 물리적 화학적 성질을 좌우하는 원자나 원자단'을 말합니다. 작용기는 그만의 특수한 성질을 가지는 집단이므로, 분자의 성질을 이해하는 데 큰 도움이 됩니다. 시성示性식은 작용기를 밝혀 적음으로써 분자의 성질性을 보인다示는 뜻입니다. 예를 들어, 아세트산(식초)의 시성식은 CH_3COOH이고, 분자식은 $C_2H_4O_2$이며, 실험식은 CH_2O입니다. 실험식의 2배가 아세트산의 분자식이 됩니다. 즉, $2(CH_2O) = C_2H_4O_2$ 입니다. 시성식의 $-COOH$는 카복시기carboxyl group라는 작용기입니다. 이 작용기를 따로 적음으로써 아세트산이 카복시기의 성질을 가진다는 것을 나타냅니다.

화합물 명명법은 체계적이다

화합물은 여러 가지 방식으로 나타냅니다. 왜 그럴까요? 화합물의 모든 것을 어느 한 가지 언어(방법)로 온전히 표시할 수 없기 때문입니다.

사람마다 모습과 성격이 다른 것처럼, 화합물도 형태와 조성이 다르면 물리적 및 화학적 성질도 다릅니다. 따라서 화합물의 형태와 특성을 구별하여 표현하면 다루는 데 편리합니다. 화학자들은 특정 화합물의 형태와 성질을 보다 구체적으로 표현하기 위해 화학식과 더불어 구조식과 이름도 사용합니다.

앞에서 언급한 것처럼, 화학식은 해당 물질의 조성을 원소 기호와 숫자로 나타냅니다. 그러나 더 나은 소통을 위해서는 물질에도 이름이 필요하죠. 사람과 사물에 각각의 이름이 있듯이, 원소나 분자 및 이온 등도 모두 고유한 이름이 붙여져 있습니다. 우리는 어린아이가 태어나면 가문의 족보(항렬)에 따라 돌림자로 이름을 짓습니다. 마찬가지로 화합물에도 이런 명명법이 있습니다.

알려진 화합물의 수가 적었을 때는 물리적 성질이나 출처, 발견자의 주관에 따라 이름이 붙여졌습니다. 그러다 보니, 같은 물질을 서로 다른 언어로 불렀습니다. 이 옛날 화합물 이름을 관용명common name이라고 합니다.

화학의 발달로 많은 수의 화합물이 알려지면서 체계적인 명명 규칙이 필요해졌습니다. 명명하기 쉽고, 국제적으로 소통이 가능하며, 모두가 인정하는 그런 명명법이 요구되었습니다. 따라서 국제 순수 및

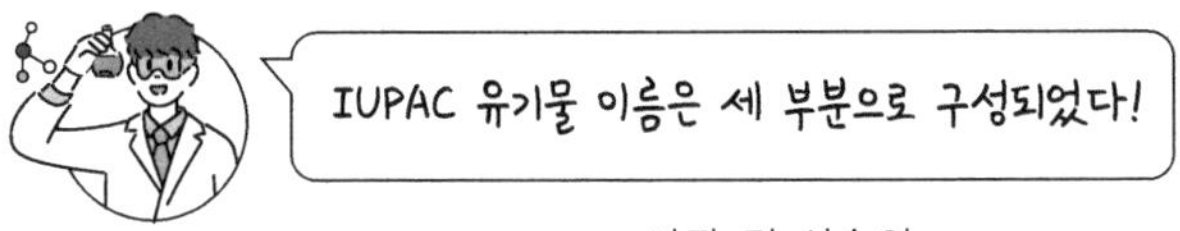

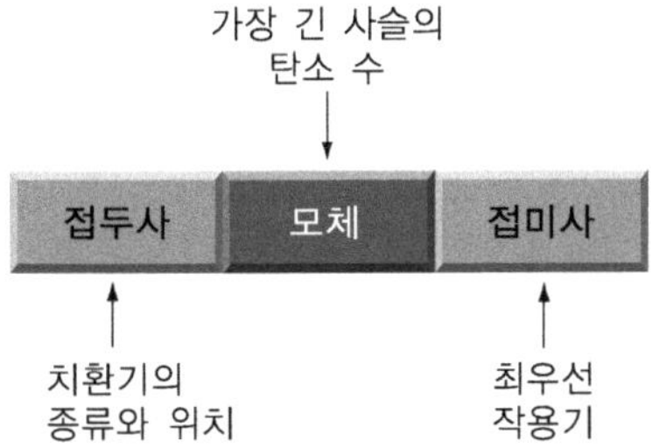

유기 화합물의 이름 구성

응용 화학 연합(IUPAC)에서 새로운 명명 규칙을 제정했습니다. 이 규칙은 매우 체계적이며 국제적으로 공통입니다. 이 규칙을 'IUPAC 명명법'이라고 하며, 이 규칙에 의해 명명된 이름을 계통명systemic name이라고 합니다.

IUPAC 명명법에서는 유기 화합물과 무기 화합물로 구분하여 명명합니다. 탄소와 수소를 주축으로 구성된 유기 물질은 '유기 화합물 명명법'을 적용하여 명명합니다. 유기 화합물 명명법은 '접두사–모체–접미사'의 세 부분으로 구성되어 있습니다. 또 무기 화합물은 '무기 화합물 명명법'을 적용해서 명명합니다.

IUPAC 명명 규칙은 체계적이며, 물질의 다양한 정보를 나타내고 있어 유용합니다. 이 규칙으로는 화합물의 특성과 삼차원 공간 배열 모습 등도 함께 표기할 수 있습니다.

앞서 글루코스는 $C_6H_{12}O_6$이라는 분자식을 가지며, 이 식은 글루코스가 6개 탄소(C), 12개 수소(H) 그리고 6개 산소(O)로 구성되었음을 나타낸 것이라는 것을 얘기했습니다. 그러나 글루코스는 다른 이

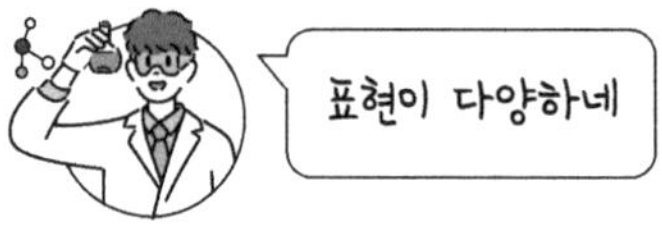

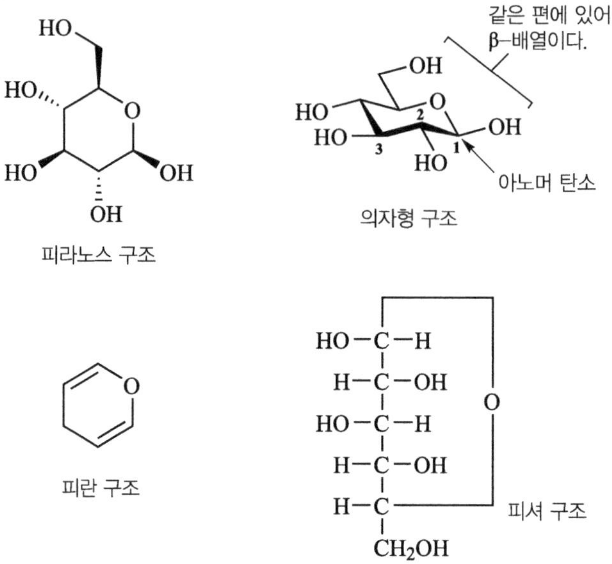

β-D-글루코피라노스

름도 가지고 있습니다. 그 중 하나가 β-D-글루코피라노스라는 이름입니다.

분자식이 동일한데 왜 다르게 표현할까요? 또 이것은 어떤 의미일까요?

이 이름의 피라노스pyranose는 하나의 산소가 포함된 6각형 탄소 고리를 이루고 있는 피란pyrane이라는 화합물 구조와 유사하여 붙여진 이름입니다. 또 끝 이름 '-오스(-ose)'는 이 물질이 탄수화물임을 나타내는 접미사입니다.

β-라는 접두사 기호는, 고리의 1번 탄소(이 탄소를 아노머 탄소

anomer carbon라고 함)에 있는 OH기의 배열을 나타낸 것입니다. β-는 아노머 탄소의 OH기가 5번 탄소의 OH와 같은 편으로 배열되었음을 의미하는 기호입니다.

D-라는 기호는 당 분자의 카이랄 탄소의 입체 배열을 나타냅니다. 탄소가 4개의 다른 치환기와 결합된 탄소를 카이랄 탄소chiral carbon 또는 카이랄 중심chiral center이라고 합니다. 이름에 각기 다른 기호를 붙여, 해당 물질의 특성을 표기하는 거죠. 이런 방법은 매우 편리하고 유용합니다.

IUPAC 명명법에서는 많은 화합물의 관용명 사용도 인정하고 있습니다. 이런 관용명은 일상에서 자주 접할 수 있습니다. 용매로 사용되는 아세톤acetone($CH_3C(=O)CH_3$)은 프로판온propanone의 관용명입니다. 또 용접 등에 이용하는 아세틸렌acetylene($HC \equiv CH$) 기체의 IUPAC 이름은 에타인ethyne입니다.

구조식이 물질의 정보를 제공한다

지금까지 다룬 물질의 화학식과 이름만으로 모든 것을 알 수 있을까요?

그렇지 않습니다. 특히 구성 원자들이 어떻게 배열되며 어떤 모습을 이루는지는 정확히 알 수 없습니다. 즉, 삼차원 모양과 배열을 알 수는 없습니다.

화합물의 더 많은 정보를 나타내는 방법 중 하나는 바로 구조식입니다. 구조식으로 분자 내 원자들의 결합 방식, 결합 종류, 삼차원 모양 등에 대한 정보를 나타낼 수 있습니다.

구조식은 분자를 구성하는 원자들이 어떻게 배열되어 있는지, 어느 원자와 어떤 결합을 하고 있는지를 나타냅니다. 또 삼차원 공간에 어떻게 배열하고 있는지도 나타냅니다. 다양한 분자성 물질과 이온 화합물도 구조식으로 표현할 수 있습니다.

물 분자를 예로 들어 보겠습니다.

물의 분자식은 H_2O이지만, 분자식만으로 2개 수소(H)와 1개 산소(O)가 어떤 형식으로 결합하고 있는지는 알 수 없습니다. 아래에 나타낸 것처럼 H_2O가 결합할 수 있는 방식은 3가지나 됩니다. 그러나 자연에 있는 물은 H−O−H 형태입니다.

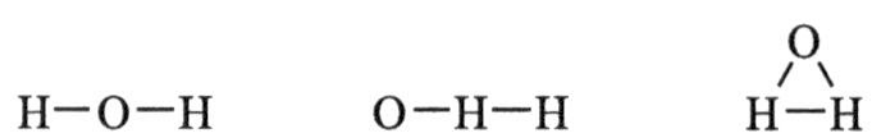

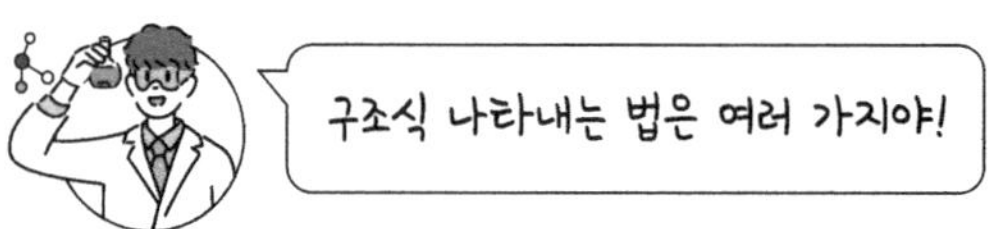

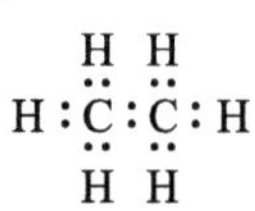

점 구조식

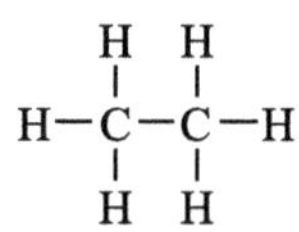

케쿨레 구조식

$CH_3(CH_2)_2CH_3$

$CH_3CH_2CH_2CH_3$

축약 구조식

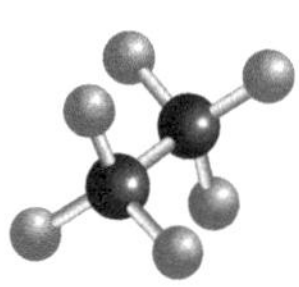

공-막대 모형

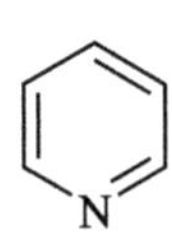

선-결합 구조식

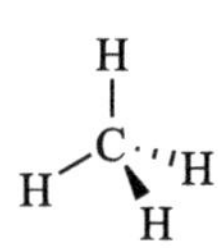

점선-쐐기 구조식

분자 구조식을 그리는 데는 원소 기호, 점, 선 등의 언어를 이용합니다. 모형에서는 원자를 공으로 결합은 막대로 나타내기도 하죠.

분자의 삼차원 모양을 이해하는 것은 중요합니다. 따라서 화학자들은 모형이나 점선–쐐기 구조를 이용하여 삼차원 구조를 이해하거나 표현합니다. 점선–쐐기 구조식에서는 분자 평면에 있는 결합은 실선(—), 관찰자 앞으로 튀어 나온 결합은 실선 쐐기선(◀) 그리고 분자 평면에서 관찰자 뒤쪽으로 들어간 결합은 점선 쐐기선(·····)으로 나타냅니다. 완벽하지는 않지만 나름대로 유용한 방법이죠.

하나의 예로 4개의 C–H 결합을 가지는 메테인(CH_4)의 점선–쐐기선 구조와 모형을 아래에 나타냈습니다.

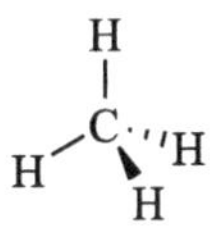

점선–쐐기선 구조

공–막대 모형

공간 채움 모형

분자식이 같아도 다른 분자도 있다

분자식이 동일하면 모두 같은 분자일까요?

그렇지 않습니다. 화학식과 분자식은 같지만, 구조가 다른 분자들이 있습니다. 구조가 다르면 물리 화학적 성질도 다릅니다. 따라서 다른 물질입니다. 이처럼 분자식은 같지만, 구조가 다른 분자들을 이성질체isomer라고 합니다.

이성질체는 종류와 개수가 같은 원자들로 구성되지만, 원자들의 배열이 다른 화학종입니다. 분자식이 같아도 배열이 다르면 다른 화합물입니다. 이성질체라는 용어는 '동일한 부품으로 만들어졌다'라는 뜻의 그리스어 *isos*와 *meros*의 합성어로부터 유래되었습니다. 구조식은 이성질체를 구별하는 데 편리합니다.

이성질체는 크게 구성 이성질체constitutional isomer와 입체 이성질체stereoisomer로 구별합니다. 분자식이 동일하지만, 구성 원자의 연결 순서가 다른 이성질체를 구성 이성질체라고 합니다. 그리고 분자식과 구성이 같지만, 공간에서의 원자 배열이 다른 이성질체는 입체 이성질체입니다.

예를 들어, 에탄올ethanol은 메톡시메테인methoxymethane과 동일한 분자식(C_2H_6O)을 갖지만, 원자 연결 순서가 다릅니다. 즉, 구조가 다른 거죠. 에탄올은 CH_3CH_2OH 순으로 결합되어 있고, 메톡시 메테인은

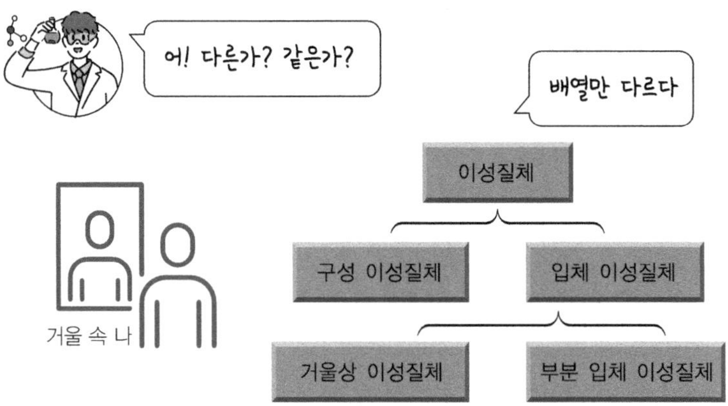

CH_3OCH_3로 연결되어 있습니다. 따라서 이 둘은 구성 이성질체이며 서로 다른 화합물입니다.

입체 이성질체의 예로는 시스-트랜스 이성질체*cis-trans* isomer 및 거울상 이성질체enantiomer가 있습니다. 시스-트랜스 이성질체는 결합이 회전될 수 없기 때문에 생기는 이성질체입니다. 탄소 고리 화합물과 탄소-탄소 이중 결합 화합물에서 관찰됩니다.

고리를 이루는 C-C 결합은 회전될 수 없습니다. 이웃한 두 개 고리 탄소에 결합된 치환기는 고리 평면의 위나 아래로 배열될 수 있습니다. 두 치환기가 평면의 같은 편으로 배열될 수도 있고, 서로 반대 편으로 배열될 수도 있죠.

예를 들어, 시스-1,2-다이클로로사이클로헥세인*cis*-1,2-dichlorocyclohexane의 두 개 염소 원자(Cl)는 고리 평면을 기준으로 둘 다 같은 편에 있습니다. 또 트랜스-1,2-다이클로로사이클로헥세인*trans*-1,2-dichlorocyclohexane은 두 염소 원자가 서로 반대편으로 배열되어 있습니다. 그러나 염소 원자와 결합된 탄소-탄소 결합은 회전되지 않습니다. 따라서 실제로 분자식이 동일하지만, 배열이 달라 다른 화합물이 됩니다. 두 치환기가

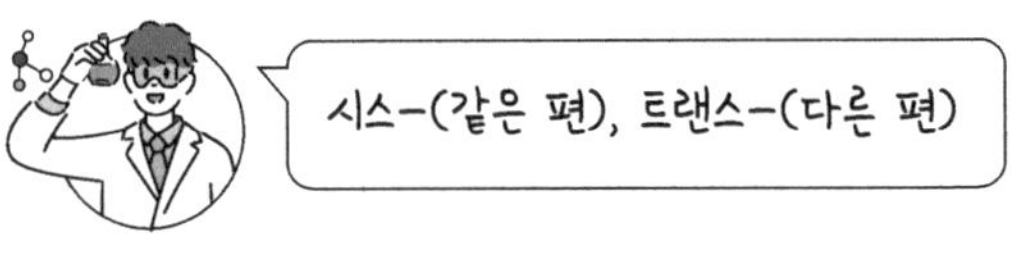

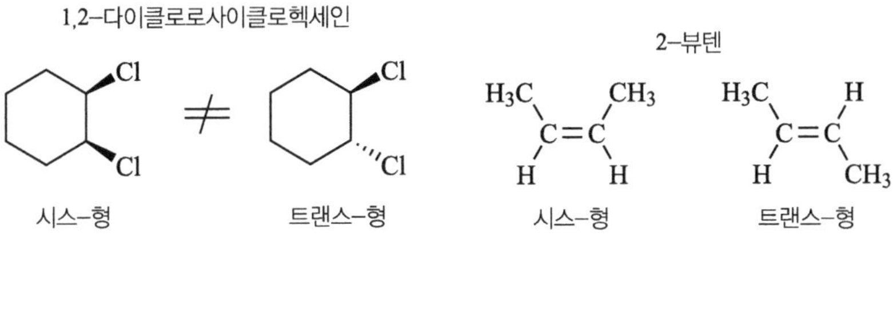

같은 편에 있는 이성질체를 시스-이성질체라고 하며, 서로 반대편으로 배열된 이성질체는 트랜스-이성질체라고 합니다.

이런 시스-트랜스 이성질체들은 C=C 결합을 포함하는 알켄alkene 계열에서도 나타납니다. 예로 2-뷰텐을 들 수 있습니다. 시스-2-뷰텐*cis*-2-butene과 트랜스-2-뷰텐*trans*-2-butene은 분자식은 같아도 성질이 다릅니다. 시스-이성질체는 -4℃에서 끓고, 트랜스-이성질체는 -1℃에서 끓습니다.

이중 결합이나 고리 화합물에 치환기의 치환 방식이 다른 이성질체들을 나타낼 때는 구조식을 이용하면 편리합니다. 거울상 이성질체에 대해서는 제12강에서 더 자세히 다룰 겁니다.

화살표도
화학의 언어다

화학적인 소통을 위해서는 문자와 숫자뿐만 아니라 다양한 기호도 이용됩니다. 특히, 화학에서는 여러 종류의 화살표를 이용합니다. 반응의 진행 방향, 전자의 이동 양상, 공명 구조 관계, 반응물과 생성물의 구별 등을 나타내는 데 화살표를 이용합니다. 화살표 역시 유용한 화학의 언어입니다. 화학에서 사용하는 대표적인 언어를 표로 정리했습니다.

반응식을 표기하는 데도 여러가지 화학 언어들이 사용됩니다. 반응물과 생성물은 화살표로 구분합니다. 그렇다면 화살표는 어떻게 이용될까요?

반응의 진행 방향을 반응물과 생성물 사이에 화살표로 나타냅니다. 반응식에서 반응물은 화살표의 왼편에, 그리고 생성물은 오른편에 씁니다. 즉, 정반응에서는 화살표 머리 부분이 생성물을 향하도록 오른편으로 그리고(→), 역반응에서는 그 반대(←)로 그립니다.

오른쪽을 향하는 화살표(→)는 출발 물질이 생성물로 변한다는 의미를 담고 있습니다. 이런 반응을 정반응forward reaction이라고 합니다. 반대로 왼쪽으로 향하는 화살표(←)는 생성물이 반응물로 된다는 의미입니다. 이런 반응은 역반응reverse reaction이라고 합니다.

두 화살표를 겹쳐서 나타내는 이중 화살표(⇄)는 평형 반응equilibrium reaction을 나타냅니다. 평형 반응은 정반응과 역반응이 함께

대표적인 화학의 언어

구 분	언 어	의 미
원소 기호	H(수소), O(산소), C(탄소)….	원소 종류를 나타냄
문자	E, H, S	에너지, 엔탈피, 엔트로피
	(*s*), (*l*), (*g*), (*aq*)	고체, 액체, 기체, 수용액
괄호	( ), [ ], { }	묶음이나 상호 구별에 사용
특수 기호	Δ	가열 또는 차이를 나타냄
	‡	전이 상태를 나타내는 기호
숫자	1, 2, 3…, I, II, III…	양을 나타내는 데 사용
수학 기호	+, −, =, ∞	양이온, 음이온, 가감, 등식, 크기
화살표	→, ←	반응 진행 방향 표시
	⇄	반응의 평형
	↔	공명 구조의 표시
		전자의 이동

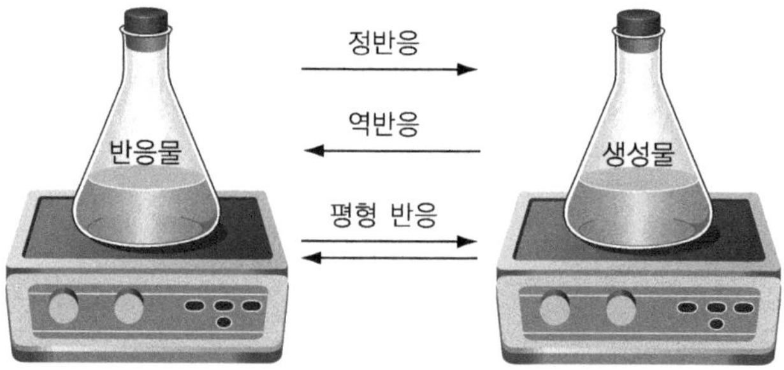

일어나는 반응입니다. 정반응과 역반응이 함께 일어나는 반응을 가역 반응reversible reaction이라고 합니다. 따라서 평형 반응에서는 모든 반응물이 생성물로 온전히 전환되지 않습니다.

균형 반응식에서 반응이 질량 보존의 법칙law of conservation of mass•을 따르는지의 여부를 화학량론 계수로 표시합니다. 이 계수가 '1'인 경우는 표시하지 않습니다. 예로, 10H_2O의 분자식 앞의 "10"이 화학량론 계수입니다.

어떤 반응이 질량 보존의 법칙을 따른다면 반응물과 생성물의 원자 종류나 숫자가 동일해야 합니다. 화학량론 계수가 맞게 쓰여진 반응식을 균형 반응식balance reaction equation이라고 합니다. 만일 계수가 맞지 않는 반응식이라면 이를 불균형 반응식unbalance reaction equation이라고 하죠. 균형 반응식에는 포함된 모든 화학종의 상태도 표시합니다. 고체solid는 (*s*), 액체liquid는 (*l*) 그리고 기체gas는 (*g*)로 화학식 뒤에 표기합니다.

- 질량 보존의 법칙: 반응에서 출발물과 생성물의 구성 원자 종류나 수가 동일하다는 법칙

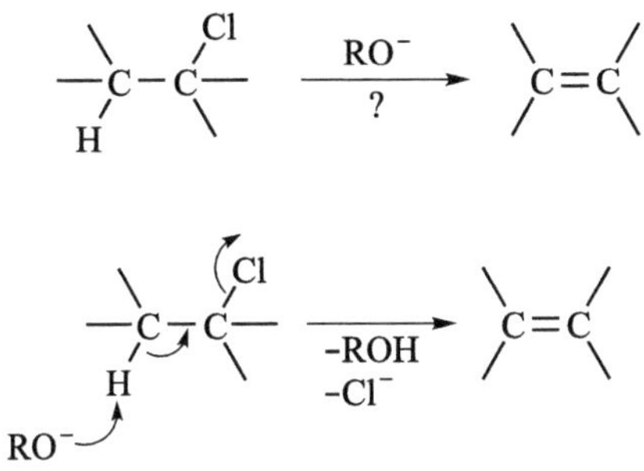

메커니즘의 표현

반응물은 어떻게 생성물로 변할까요?

사실 이것이 매우 궁금하죠. 반응물이 생성물로 변하는 과정을 안다는 것은 매우 중요합니다. 따라서 화학에서는 이 부분에 많은 노력을 기울입니다.

반응물이 생성물로 전환되는 경로를 반응 메커니즘mechanism이라고 합니다. 반응은 반응물의 기존 결합이 분해되고, 생성물의 새로운 결합이 형성되는 것입니다. 반응에서 어떻게 결합이 분해되고 생성되는가를 표시하는 데도 화살표를 이용하죠. 그러면 결합의 분해와 생성에서 전자들의 거동을 쉽게 이해할 수 있습니다. 즉, 결합 전자들의 이동을 화살표로 표시하는 거죠.

2개 전자가 이용할 때 사용되는 화살표는 ⌒ 같은 굽은 화살표를 사용합니다. 이 화살표는 전자를 주는 원자에서 받는 원자를 향하도록 그립니다. 한 개 전자가 이동하는 경우는 낚시바늘 모양 화살표(⌒)로 표시합니다. 이런 메커니즘 표시법은 특히 유기물 반응을 이해하는 데 매우 유용합니다.

'몰'은 원자/분자/이온의 묶음 단위이다

원자나 분자 및 이온은 육안으로 보이지 않습니다. 따라서 한 개, 두 개씩 낱개로 셀 수 없습니다. 그러나 과학을 이해하고 연구하려면 반드시 정확한 수나 양을 알아야 합니다. 그렇다면 이런 작은 입자들의 양은 어떻게 표시할까요?

일상 생활에서의 경우를 이야기 해보죠. 많은 양의 채소나 과일을 거래할 때 '접'이라는 특정한 묶음 단위로 소통하고 거래하죠. 1접은 100개입니다. 채소나 과일보다 훨씬 작은 원자나 분자들도 묶음 단위가 있습니다. 보이지 않는 작은 입자인 분자나 원자 등은 몰mole이라는 묶음 단위를 사용합니다. 1몰은 '어떤 입자가 6.023×10^{23} 개인 묶음 단위'입니다. 이 수를 아보가드로 수Avogadro number라고 합니다. 만일

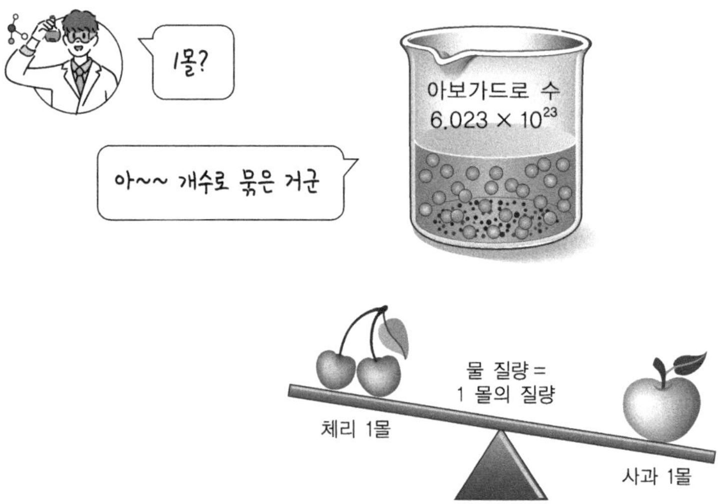

사과가 1몰만큼 있다면, 사과가 6.023×10^{23}개 있다는 의미입니다.

몰은 입자의 '개수'로 정의된 단위입니다. 따라서 물질에 따라 1몰의 질량은 각기 다릅니다. 사과 1몰과 체리 1몰의 무게는 다릅니다. 당연히 사과 1몰이 더 무겁겠지요. 어떤 물질 1몰의 질량을 몰 질량molar mass이라고 합니다. 어떤 원자의 몰 질량을 알면 이 원자 한 개의 질량을 알 수 있습니다. 주어진 몰 질량을 아보가드로 수로 나누면 원자 한 개의 질량이 될 것입니다.

화학에서는 화합물과 원자들의 양을 모두 몰 단위로 표기하고 계산합니다. 그래서 화학에서 몰 개념은 매우 중요합니다.

제3강

원자는 어떤 모습인가

원자는 너무 작아서 광학 현미경으로 볼 수는 없습니다. 그러면 과학자들은 어떻게 원자 구조를 알았을까요? 놀랍게도 중세 과학자들은 빛과 물질이 관련이 있음을 알았습니다. 그리고 빛을 다룰 수(측정할 수) 있었습니다.

전혀 관련이 없을 듯하지만, 실제로 빛과 물질은 밀접한 관계가 있습니다. 빛은 물질의 분자나 이를 구성하는 원자를 이해하는 데 필요한 다양한 정보를 제공하죠. 실제로 중세 과학자들은 원자의 전자 배치에 대한 단서를 빛으로부터 얻었습니다. 따라서 물질과 빛의 관련성을 이해하면, 원자의 특성을 이해하는 데 큰 도움이 됩니다.

어떻게 전자 배치의 단서를 빛으로부터 얻었을까요? 이를 이해하려면 먼저 빛의 성질을 알아야 합니다. 전자와 빛의 거동이 유사하기 때문이죠.

빛은 알갱이이면서 파동성이 있다

빛은 반사되기도 하고, 또 서로 간섭하기도 하죠. 오래전부터 이런 빛의 두 가지 성질을 설명하려는 시도가 있었습니다. 이런 성질을 각각 입자성particle property과 파동성wave property이라고 합니다.

과학이 점차 발달하면서 빛이 입자성과 파동성을 모두 가진다는 것을 알았습니다. 즉, 빛에 입자의 성질과 파동의 성질이 있는 것으로 보고, 빛을 상보적으로 이해해야 한다는 겁니다.

빛의 간섭 현상은 빛을 파동으로 인식하면서 설명할 수 있었습니다. 빛을 파동성이 있다고 생각하는 겁니다. 빛은 일종의 전자기파이며 진공에서 '2.998×10^8 m/s(c로 표시함)'의 속도로 전파됩니다. 이 속도가 곧 우리가 아는 빛의 속도입니다. 그러나 이 파동성으로는 빛의 반사 현상을 설명하지 못했습니다.

빛이 파동인지 입자인지에 대한 논란은 여전했습니다. 이에 대한 오랜 논란은 아인슈타인(Albert Einstein, 1879~1955)의 광전 효과 실험으로 결론이 났습니다. 아인슈타인은 '빛은 파동이기보다는 일종의 입자(광자)의 흐름'이라고 설명했습니다. 아인슈타인은 빛을 금속 표면에 쪼이면, 어떤 알갱이가 금속 표면을 때려서 전자를 떼어 낸다고 생각했습니다. 이 알갱이를 광자photon라고 하죠. 아인슈타인의 가정은 광전 효과를 통해 확인되었습니다.

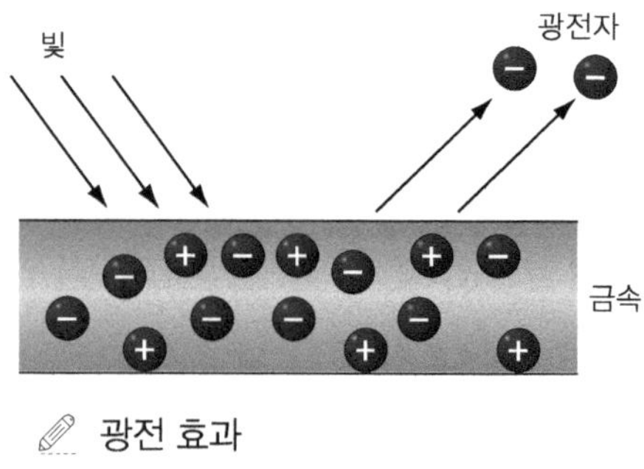

광전 효과

광전 효과는 깨끗한 금속 표면에 빛을 쪼였을 때 광전자가 방출되는 현상입니다. 물론 금속에서 전자가 방출되는 데 필요한 빛의 최소 진동수는 금속의 종류에 따라 다릅니다. 이 최소 진동수를 문턱 진동수threshold frequency라고 합니다.

왜 물질마다 다른 문턱 진동수가 필요할까요?

금속의 전자들은 금속 결합에 의해 잡혀 있고, 이 결합의 세기는 금속의 종류에 따라 다르기 때문입니다. 따라서 금속 표면에서 결합을 끊고 전자를 방출시키려면, 금속마다 각기 다른 에너지의 빛을 쪼여야 합니다. 진동수는 에너지와 비례하므로 문턱 진동수가 금속마다 달라지게 되죠.

결론적으로 말하면, 빛은 파동의 성질과 입자의 성질을 동시에 갖습니다. 즉, '빛은 상황에 따라 파동에 더 가깝게 거동하기도 하고, 입자에 더 가깝게 거동하기도 한다'고 생각해야 합니다. 빛이 가지는 이런 두 가지 성질, 입자성과 파동성을 빛의 이중성duality of light이라고 합니다.

빛의 이중성은 곧 전자의 이중성duality of electron으로 확장되었습니다. 전자 역시 빛처럼 파동성과 입자성을 함께 가진다는 것입니다.

전자기 복사선은 에너지와 용도가 다르다

빛은 에너지를 운반할 수 있습니다. 예를 들어, 피부에 햇빛이 비치면, 햇빛 에너지가 피부로 흡수되어 따뜻하게 느껴집니다. 빛이 에너지를 피부로 전달한 것이죠. 우리가 볼 수 있는 빛, 즉 가시광선이나 라디오파나 X-선은 전자기 복사선electromagnetic radiation의 한 가지 형태입니다. 전자기 복사선은 모두 같은 속도(빛의 속도)로 움직입니다. 전자기 복사선은 진동하는 전기장과 자기장의 형태로 공간을 통해 전파되는 에너지입니다.

파동wave은 규칙적으로 진동하는 특성이 있습니다. 빛의 파동은 시간에 따라 변하는데, 진동수frequency(ν)로 나타냅니다. ν는 그리스 문자로, '누(nu)'라고 읽습니다. 진동수는 '1초 사이에 특정 지점을 통과하는 파동의 사이클 수'이며, 단위는 s^{-1} 또는 Hz(헤르츠)로 나타냅니다.

공간에서 파동의 변화는 파장wave(λ)으로 나타냅니다. λ 역시 그리스 문자로, '람다(lambda)'라고 읽습니다. 파장은 두 파고 사이의 거리에 해당합니다. 파장은 미터(m) 또는 나노미터(nm) 단위로 측정합니다. 진동수와 파장은 서로 반비례하죠. 또 빛의 세기는 진폭amplitude에 의해 결정되며, 진폭의 제곱에 비례합니다. 밝은 빛은 진폭이 크고, 희미한 빛은 진폭이 작습니다. 진폭은 진동하는 파의 진동 폭입니다.

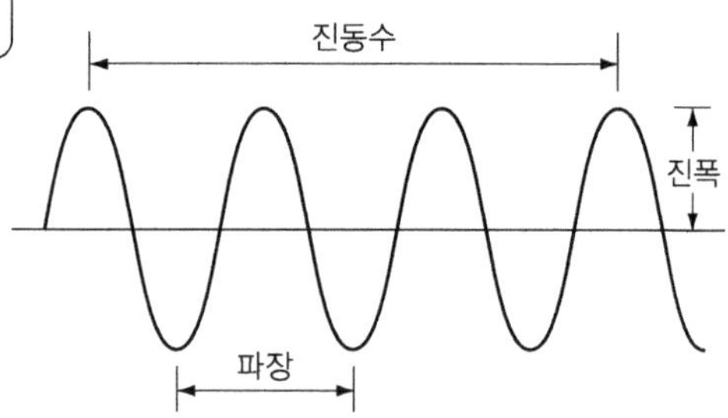

전자기 복사선은 원소의 붕괴에 의해 방출되는 파이며, 파장이 다양합니다. 전자기 복사선은 파장과 에너지 함유량이 다른, 폭넓은 스펙트럼의 띠로 구성되어 있습니다. 따라서 에너지도 각기 다르고, 쓰임새도 다양하죠. 복사선에는 라디오파radio wave, 마이크로파micro wave, 적외선infrared light(IR), 가시광선visible light, 자외선ultraviolet light(UV), X-선X-ray 그리고 감마선gamma ray이 있습니다.

전자기 복사선 스펙트럼에는 가시광선처럼 사람이 시각적으로 볼 수 있는 파장도 있지만, 보이지 않는 부분이 더 많습니다. 파장이 짧은 감마선과 X-선은 원자나 분자에서 전자를 떼어낼 수 있을 정도로 에너지가 큽니다. 만일 이런 복사선이 사람에게 쪼여지면 심각한 손상을 입죠. 그러나 잘 통제된 조건에서는 감마선으로 암을 치료하고, X-선으로 의료용 영상 사진을 찍을 수 있습니다.

자외선의 파장은 X-선과 가시광선 사이에 해당합니다. 자외선은 비교적 에너지가 커서 화합물의 '전자를 들뜨게' 할 수 있습니다. 즉, 자외선이 물질을 손상시킬 수도 있는 거죠. 그래서 햇빛에 많이 노출되면 피부암이 생기기도 합니다.

가시광선보다 파장이 긴 적외선, 마이크로파 및 라디오파는 에너지가 작습니다. 열선이라고도 하는 적외선은 가열 램프에 쓰이고, 마이크로파는 조리용 전자레인지에 이용합니다. 또 라디오와 TV는 라디오파를 이용하여 신호(정보)를 전달합니다. 결국 전자기 복사선은 에너지가 다르기 때문에 그 용도도 다양하다고 할 수 있습니다.

물질이 방출하거나 흡수하는 빛의 스펙트럼을 관찰하는 장치를 분광기spectroscope라고 하죠. 분광기의 발전으로 다양한 파장의 빛을 분

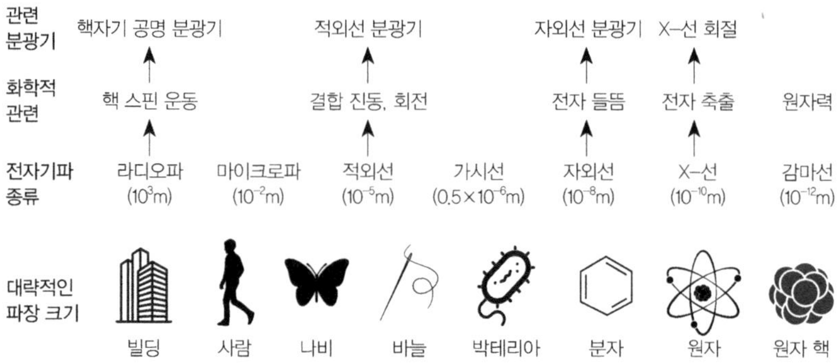

복사선 종류와 용도

류하여 이용하게 되면서 현대 화학이 크게 발전하였다고 할 수 있습니다.

X-선은 원자의 전자를 튕겨 나오게 할 만큼 강력한 에너지를 가졌습니다. 화학자들은 순수한 결정에 X-선을 쪼여 튕겨 나온 전자들을 사진 건판에 받아 얻은 회절 모양으로 분자의 구조를 알아냅니다. 세포 속 DNA의 구조도 이 방법으로 밝혔습니다.

드디어 원자 구조가 밝혀지다

우리가 사는 세상은 무엇으로 구성되어 있을까요?

이 질문은 현대인뿐만 아니라, 고대 철학자들에게도 역시 중요한 논제 중 하나였습니다. 물질의 한계가 있다고 생각한 그리스 철학자들은 '물질이 더 이상 쪼갤 수 없는 작은 알갱이(atomos: 나뉘지 않는

원자론

것이라는 뜻)'로 이루어졌다고 생각했습니다. 이것이 원자론atomism의 시작입니다. 원소들의 양을 측정할 수 있게 되면서, 원자론이 다시 주목을 받았습니다. 그 결과로 돌턴(John Dalton, 1766~1844)의 원자설atomic theory이 탄생했습니다.

돌턴은 '원소는 원자라고 하는 작은 입자로 되어 있고, 한 원소의 원자는 다른 원소의 원자와는 다르다'고 생각했습니다. 또 '한 원소의 원자를 화학 반응을 통해 다른 원소의 원자로 바꿀 수 없다'고 가정하였습니다. 아울러 '화합물은 두 종류 이상의 원자가 결합하여 만들어진다'고 생각했죠. 이 이론이 근대 화학의 발전에 크게 기여하였습니다.

우리 주변에 있는 물질의 다양한 특성을 이해하려면, 물질의 밑바닥에 있는 기본 구성 요소를 알 필요가 있습니다. 물질을 구성하는 기본 입자는 '원자'라는 작은 알갱이입니다. 그렇다면 원자는 어떤 모습일까요?

원자는 핵nucleus과 그 주위를 둘러싸고 있는 전자electron로 구성되어 있습니다. 핵은 전하가 없는 중성자neutron와 양전하(+)를 가진 양성자proton로 구성되어 있습니다. 전자는 음전하(−)를 가지고 있습니다. 따라서 전기적으로 중성인 원자는 양성자의 수와 전자의 수가 동일합니다. 그래서 중성 원자의 전자 수를 원자 번호atomic number로 나타냅니다.

예를 들어, 수소(H) 원자의 원자 번호는 1번입니다. 탄소(C)의 원자 번호는 6번입니다. 이를 통해 수소 중성 원자는 전자가 1개이고, 탄소 중성 원자는 전자가 6개임을 알 수 있습니다.

원자 모형을 처음 제안한 사람은 톰슨입니다. 톰슨은 원자가 단단한 건포도 푸딩처럼 생겼다고 제안했습니다. 그러나 실제로 그런 모양이라는 실험적 증거는 없었습니다.

프랑스 과학자 베크렐(Antoine Henri Becquerel, 1852~1908)은 우라늄 화합물 연구를 통해 알파(α), 베타(β), 감마(γ)의 세 가지 방사선의 존재를 밝혔습니다. 톰슨과 함께 연구하던 러더퍼드(Ernest Rutherford, 1871~1937)가 금박을 이용하여, 전기장 속에서의 세 가지 방사선의 거동을 관찰했습니다. 실험 결과로부터 알파선은 양(+)으로 하전되고, 베타선은 음(−)으로 하전되며, 감마선은 전하를 가지지 않는다는 결론을 얻었습니다.

한편 러더퍼드는 얇은 금박에 알파 입자를 쪼여 일어나는 산란과 반사에 대한 연구도 했습니다. 러더퍼드는 실험을 통해 세 가지 다른 입자의 거동을 관찰했습니다. 즉, 입자는 금박을 굴절 없이 통과하거나, 금박에 반사되거나, 휘어지는 거동을 보였습니다.

만일 톰슨의 모형이 맞는다면, 쪼여진 모든 알파 입자는 반사되어야 합니다. 그러나 통과되는 알파 입자와 휘어지는 알파 입자가 관찰

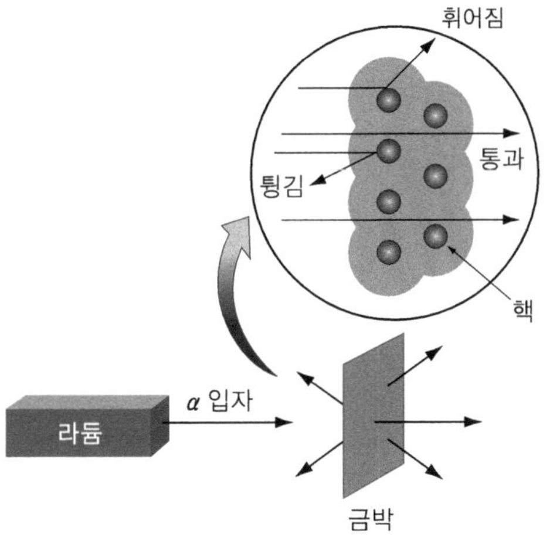

러더포드의 금박 실험

된 거죠. 이는 원자 구조는 톰슨의 단단한 건포도 푸딩 모형과는 다를 것이라는 반증이 되었습니다.

러더퍼드는 자신의 실험 결과를 설명할 수 있는 새로운 원자 구조의 모형을 제시했습니다. 즉, 원자의 중앙에 단단한 핵이 있고, 그 주변에 전자가 분포된다고 생각했습니다. 또 원자 부피의 대부분은 빈 공간이라고 생각했죠. 반사나 휘어짐 없이 통과한 입자가 그 증거입니다.

입자의 경로가 휘어지는 것은 양전하를 띠는 알파 입자와 핵의 양전하가 서로 반발하여 일어난 현상이라고 설명했습니다. 러더퍼드는 실험 결과들로 새로운 원자 구조를 잘 설명할 수 있었습니다.

또 원자가 가지는 대부분의 질량과 모든 양전하는 크기가 매우 작고 밀도가 아주 높은, 원자핵이라는 부분에 모여 있다고 가정하였습니다. 그 후 계속된 연구로 핵을 구성하는 양성자와 중성자가 발견되었습니다. 원자 질량의 대부분은 중성자가 차지합니다.

핵에 존재하는 양성자와 중성자를 핵자nucleon라고 하며, 중성자, 양성자, 전자처럼 원자보다 작은 입자를 아원자 입자subatomic particle라고 합니다. 양성자, 중성자, 전자의 존재가 확정되면서 물질의 화학적 특성을 더 잘 설명할 수 있게 되었습니다.

새로운 원자 구조가 제안되다

원자가 빛에 노출되면 어떻게 될까요?

쪼여지는 빛의 에너지 크기에 따라 두 가지 현상이 가능합니다. 하나는 문턱 진동수보다 높은 에너지를 가지는 빛에 노출되는 경우이고, 다른 하나는 문턱 진동수보다 낮은 에너지의 빛에 노출되는 경우입니다. 문턱 진동수보다 높은 에너지의 빛이 원자에 쪼여지면, 원자는 이온이 됩니다. 전기적으로 중성인 원자에서 전자(광전자photoelectron)•가 떨어져 나온 결과죠. 그러나 문턱 진동수보다 낮은 에너지를 쪼이면 당연히 이온화가 일어나지 않을 겁니다.

그렇다면 문턱 진동수보다 낮은 에너지가 쪼여진 원자에는 어떤 변화가 있을까요? 이 의문은 19세기 과학자들이 수수께끼로 여겼던 원자들의 선 스펙트럼line spectrum 현상을 설명하면서 해결되었습니다. 선

• 광전자: 물질에 빛을 쪼이면 물질의 전자가 에너지를 흡수하여 튀어나오는 자유 전자

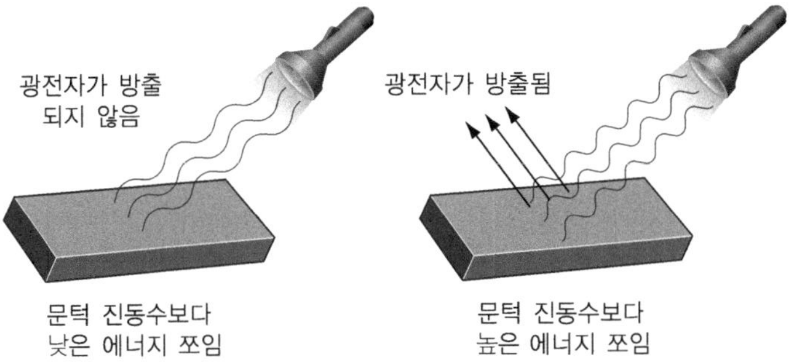

스펙트럼 현상으로 전자가 들뜰 수 있다는 것을 알았습니다.

선 스펙트럼이 무엇일까요?

당시 과학자들은 유리관에 낮은 기압으로 기체를 채우고, 높은 전압을 걸면 빛이 방출된다는 것을 알았습니다. 이때 방출되는 빛은 파장이 다른 선들로 이루어졌습니다. 따라서 이 복사선 스펙트럼들을 선 스펙트럼이라고 한 겁니다.

수소 기체의 방출 스펙트럼은 보라색(410 nm), 파란색(434 nm), 청록색(486 nm) 및 빨간색(656 nm)으로 관찰되어 과학자들을 매혹시켰습니다. 단지 4개의 선만 관찰되었기 때문이죠. 네온 기체는 '네온 빛'이라고 하는 적황색 빛을 내고, 소듐 증기는 가로등 불빛인 '노란색 빛'을 방출합니다.

왜 물질에 따라 다른 빛을 나타낼까요?

양자 화학의 아버지라고 하는 보어(Niels Henrik David Bohr, 1885~1962)가 이 의문에 답을 제시하였습니다. 보어는 러더포드의 '핵 개념'과 플랑크의 '에너지 양자화'를 받아들여, 새로운 원자 모형을 제안하였습니다. 보어는 전자가 핵 주위에 태양계처럼 배열되어 있다고 생각했습니다. 이를 보어의 원자 모형이라고 합니다. 보어는 전자가 핵으로부터 일정한 거리만큼 떨어진 원 둘레를 등속 원운동한다고 생각했습니다.

그렇다면 전자가 핵으로부터 어떻게, 얼마나 떨어진 거리에 머무를까요?

보어는 이 의문에 대해 다음과 같이 설명했습니다. '원자의 핵 주위에는 각기 다른 에너지 준위가 있다. 그리고 전자들이 이 에너지 준위에 놓이며, 전자들이 놓일 수 있는 에너지 준위는 허용된 특정 준위에서만 가능하다'. 즉, 전자가 가지는 '허용된 에너지'는 양자화되어 있다고 생각한 것입니다(75쪽 참고). 어떤 에너지 상태에 있는 전자가 다른 에너지 상태로 이동할 수 있다고도 제안하였습니다.

이 제안은 전자가 에너지를 흡수하여, 더 높은 에너지 상태로 이동할 수 있음을 설명하는 거죠. 또 이 높은 에너지를 갖는 전자(즉, 들뜬 전자)는 에너지를 방출하면서 더 낮은 에너지 상태로 이동될 수도 있다는 뜻이기도 합니다. 보어는 이 가설로 수소의 방출 스펙트럼을 설명했습니다. 이 가설은 오늘날에도 받아들여지고 있습니다.

조금 더 자세히 살펴볼까요?

안정한 원자에 빛을 쪼이면, 전자가 에너지를 흡수하여 더 높은 에너지 준위로 전이(이동)됩니다. 이 현상을 전자가 '들뜬다'고 하며, 더 높은 에너지를 가진 전자 상태를 들뜬 상태excited state라고 합니다. 들뜨기 전의 안정한 상태는 바닥 상태ground state라고 하죠. 즉, 바닥 상태는 주어진 조건에서 전자가 에너지적으로 가장 안정한 상태입니다.

높은 에너지 준위로 들뜬 전자의 운명은 어떻게 될까요? 들뜬 상태로 머물까요?

아닙니다. 그렇지 않습니다. 들뜬 상태는 높은 에너지를 가지고 있어 불안정한 상태죠. 자연의 모든 물질은 가장 안정한 상태로 머물려고 합니다. 따라서 더 이상 빛을 쪼이지 않으면, 다시 더 안정한 바닥 상태로 되돌아옵니다. 이때 흡수된 에너지를 방출하며, 전자는 낮은 에너지 상태로 안정화되는 거죠. 이렇게 방출된 에너지는 빛으로 관찰되며, 이것이 선 스펙트럼입니다. 선 스펙트럼 양상은 원자마다 다르므로 원자의 구분에도 유용하게 사용할 수 있죠.

한편 전자의 파동성이 등장하면서 보어의 원자 구조는 도전을 받게 되었습니다. 보어의 제안대로 전자가 핵으로부터 일정한 거리만큼 떨어진 위치에서 등속 원운동을 한다면 전자의 파동성에 맞지 않기 때문입니다. 이 문제는 슈뢰딩거가 제안한 파동함수 이론으로 해결되

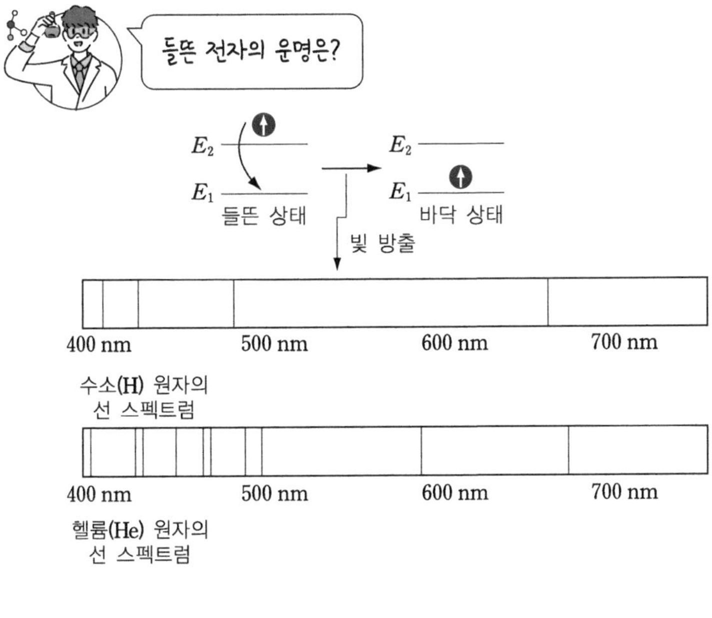

원자 구조는 어떻게 발전했나?

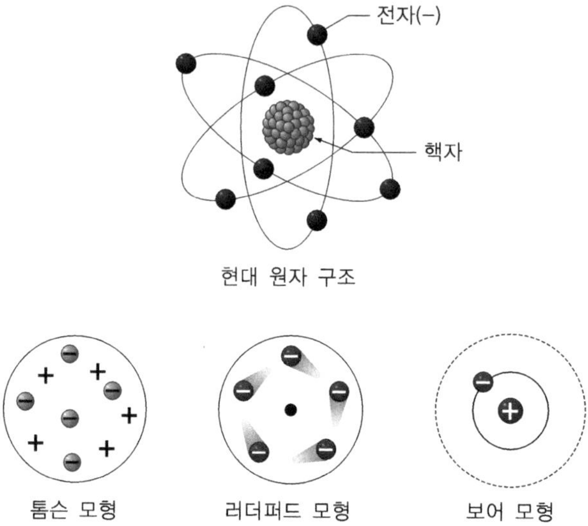

원자 구조의 역사

었습니다.

슈뢰딩거는 '전자가 핵 주위의 특정 에너지 준위의 영역에 분포된다'고 제안했습니다. 전자가 점유한 이 영역을 오비탈orbital•이라고 합니다. 오비탈은 전자의 실제 궤도는 아니지만, 실제와 매우 유사한 형태와 특징을 보입니다. 오늘날의 원자 구조는 양자역학적으로 규명된 원자의 모양입니다.

- 오비탈은 orbit(궤도) + al(~스러운, 접미어)의 합성어로 '궤도스러운'이라는 뜻입니다.

전자의 에너지는 양자화되어 있다

현대과학에서는 양자화quantization라는 용어가 자주 등장합니다. 그러나 일상에서 양자화의 뜻을 이해하기는 쉽지 않습니다. 먼저 양자화라는 용어의 개념적 이해가 중요합니다. 축구공이나 사과같이 크고, 빛의 속도보다 느린 속도로 움직이는 물체의 운동은 기존의 고전역학으로 설명할 수 있습니다. 그러나 전자의 거동을 고전역학으로는 설명할 수 없었습니다. 그 이유는 전자는 매우 작은 입자이며, 이들은 빛의 속도보다 더 빠른 속도로 거동하기 때문입니다.

고전역학에서는 에너지, 운동량, 각운동량 등과 같은 물리적인 양은 해당 범위 내에서 어떤 값이든 가질 수 있습니다. 이를 연속적이라고 합니다. 그러나 양자역학에서는 이런 물리량들이 개별적인 특정한 값만 가질 수 있습니다. 이를 불연속적이라고 하며, 다르게는 양자화되었다고 말합니다.

연속성과 불연속성의 차이는 어떤 것일까요?

미끄럼틀 위에서 축구공을 밑바닥으로 굴리는 경우를 생각해 보죠. 한쪽은 미끄럼판이고, 반대편은 사람이 오르내리는 계단입니다. 계단은 일정한 높이(예 30cm)로 된 불연속 물체입니다. 공을 계단으로 굴리면 한번에 계단 폭만큼씩 굴러 내려 갑니다. 계단에서는 미끄러지듯이 연속해서 구르지 않죠. 그러나 미끄럼판을 이용하면 공을 연속적으로 굴릴 수 있습니다. 계단은 불연속적이고, 미끄럼판은 연속적입니다.

그렇다면 일상 생활에서 에너지가 연속적인 것처럼 보이는 이유는 무엇일까요? 이것은 빛 에너지와 관련된 '플랑크 상수(h)'가 매우 작기 때문입니다. 일상에서는 한 개 양자의 에너지 손실이나 획득이 너무 작아서 무시될 뿐입니다.

그러나 일상 생활에서 만나는 큰 물체이든 매우 작은 미시적인 물체에서 든 플랑크 규칙은 동일하게 적용됩니다. 양자역학에서는 관찰되는 모든 물리적인 양을 '양자화되었다'고 생각합니다. 따라서 에너지도 양자화되었다고 생각합니다.

빛의 여러가지 거동을 파동 모형과 플랑크의 '양자 가설'로 설명할 수 있었습니다. 플랑크는 전자기 복사선으로 방출되거나 흡수되는 에너지의 최소량을 양자quantum라고 불렀습니다.

플랑크(Max Karl Ernst Ludwig Planck, 1858~1947)는 빛 에너지(E)가 진동수(ν)에 비례한다고 생각해서 $E = h\nu$라는 식으로 표현했습니다. h(ha '하'로 읽음)를 플랑크 상수라고 합니다.

플랑크는 '물질은 항상 $h\nu$, $2(h\nu)$, $3(h\nu)$ 처럼 $(h\nu)$의 정수 배로만 에

너지를 흡수하거나 방출한다'고 했습니다. 이를 '에너지의 불연속성' 또는 '에너지의 양자화'라고 합니다. 즉, '($h\nu$)'라는 묶음 양의 배수로만 에너지를 흡수하거나 방출한다는 거죠. 이것이 플랑크 규칙입니다.

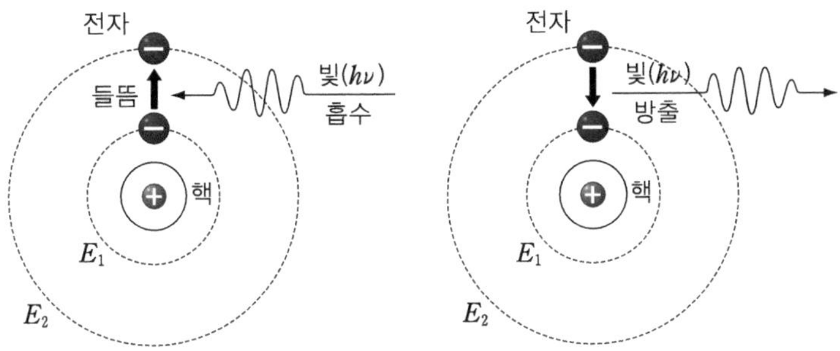

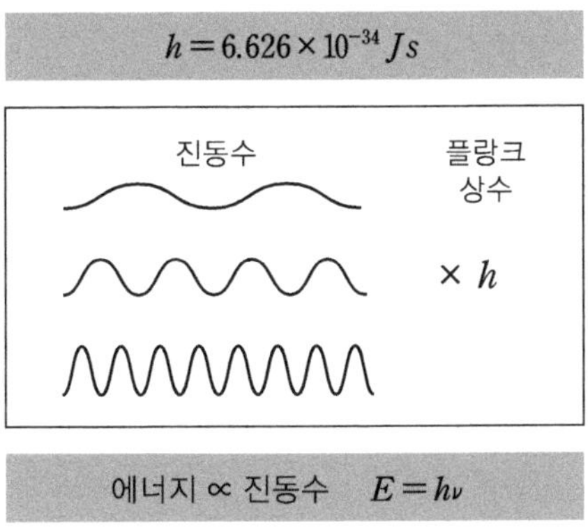

제4강

전자는 파동성과 입자성을 가진다

원자의 전자 구조에 관한 지식의 대부분은 물질이 방출하거나 흡수하는 빛을 분석하여 얻었습니다. 초기 화학자들은 핵 주변의 전자가 태양계처럼 분포되어 있을 것으로 생각했죠(러더퍼드 모형). 그러나 계속된 연구로, 전자는 핵 주위의 특정 에너지 준위 영역에만 분포된다는 것을 알게 되었습니다.

전자가 점유하는 오비탈은 양자역학적으로 규명된 전자의 점유 공간이죠. 오비탈의 특징 때문에 오비탈을 원자의 궤도함수, 파동 함수 또는 전자 구름 등으로 부르기도 합니다. 또한 핵 주위의 전자 배열에 몇 가지 뚜렷한 규칙이 있다는 것도 밝혀졌습니다.

전자의
전하와 질량을 밝히다

원자와 전자에 대한 정보를 준 주요 연구에는 X-선과 방사선의 발견, 음극선 실험•, 기름 방울 실험•• 및 금박 실험 등이 있습니다. 이 실험들을 통하여 원자가 불연속 입자로 구성되었음이 밝혀졌습니다.

톰슨(Joseph John Thomson, 1856~1940)은 음극선cathode ray 실험으로 전자의 '전하 대 질량의 비'를 구했습니다. 톰슨의 뒤를 이어 밀리칸(Robert Andrews Millikan, 1868~1953)이 기름 방울 실험을 통해 전자의 전하량을 측정했으며 이 값을 톰슨의 결과에 대입하여 전자의 질량을 알아 냈습니다. 밀리칸이 계산한 전자의 질량은 수소 원자 질량의 약 1/2000에 해당하며, 오늘날 알려진 전자 질량과 거의 일치합니다.

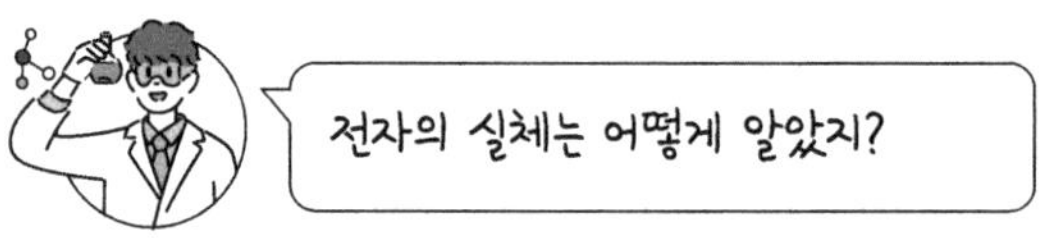

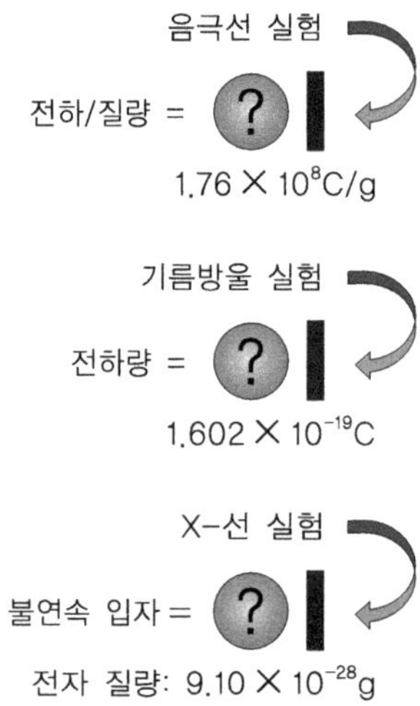

- 음극선 실험: 전극이 설치된 방전관에 기체를 채우고, 전극 사이에 높은 전압을 걸면, 음극(−)에서 양극(+)으로 음전하 입자(전자)가 흐르는 현상을 관찰한 실험
- •• 기름 방울 실험: 전하를 띤 판 사이에 작은 구멍을 내고, 음전하를 띤 기름 방울을 통과시키면서 낙하 속도를 관찰하여 전자의 전하량을 측정한 실험

이런 실험들을 통해 전자의 전하량과 질량을 알아냈지만, 전자 배치 등과 같은 더 구체적인 원자 구조는 아직 밝혀지지 않고 있었습니다.

전자는 입자성과 파동성을 가진다

전자는 질량이 있지만, 광자처럼 아주 작은 입자입니다. 그렇다면 전자도 광자처럼 파동성이 있을까요?

그렇습니다. 전자도 입자성과 파동성을 가집니다. 이를 전자의 이중성이라고 한다고 앞선 3강에서 언급한 바 있습니다. 전자의 이중성은 프랑스 물리학자 드브로이(Louis Victor Pierre Raymond de Broglie, 1892~1987)가 처음 제안했습니다. 전자도 광자처럼 입자성과 파동성을 모두 갖는다는 것입니다. 전자의 파동성은 물리학자 데이비슨(Clinton Joseph Davisson, 1881~1958)과 톰슨의 X-선 회절 실험을 통해 확인되었습니다.

전자의 파동성을 확인하면서 흥미로운 문제들이 제기되었습니다. 한 가지 문제는 만일 전자가 파동성을 가진다면, 전자는 아마도 핵 주변의 어떤 공간에 퍼져 있을 겁니다. 그렇게 되면 전자의 정확한 위치를 결정할 수 없을 것이라는 것이죠. 그래서 '전자는 핵으로부터 일정한 거리만큼 떨어져서 등속 원운동을 할 것'이라는 보아의 원자 모형이 도전을 받게 되었습니다. 파동성을 가지는 전자의 위치 표현에 대한 문제가 불거진 것이죠.

이 문제는 하이젠베르크(Werner Karl Heisenberg, 1901~1976)와 슈뢰딩거(Erwin Rudolf Josef Alexander Schrödinger, 1887~1961)에 의해 해결되었습니다. 하이젠베르크는 '전자와 같이 작고 빠르게 움직이는 물질의 경우는 운동량과 공간에서의 위치를 동시에 정확히 알 수 없다'고 주장했습니다. 이를 불확정성 원리uncertainty principle라고 합니다.

그는 수소 원자에서의 전자의 불확정성을 간단한 계산으로 보여주었습니다. 원자에서 '전자의 위치 불확정성'은 원자의 크기보다도 10배 정도의 큰 값을 가집니다. 따라서 본질적으로 원자에서 전자가 어디에 위치하는지를 전혀 알 수 없다는 것이죠. 이 의견에 동조한 과학자들은 전자를 그 불확실한 위치보다는 존재 확률로 설명하려는 시도를 했습니다.

슈뢰딩거는 전자의 파동성과 입자성을 함께 포함한 파동 방정식wave equation을 제안했습니다. 이 식을 슈뢰딩거의 파동 방정식이라고 합니다.

그렇다면 전자의 존재 확률을 어떻게 나타낼까요?

결론적으로 말하면, 전자의 존재 확률은 파동 함수의 제곱(Ψ^2, 프사이 제곱으로 읽음) 값으로 나타냅니다. 사실 파동 함수 자체는 전자 위치와 관련된 특별한 의미를 가지지는 않습니다. 그러나 파동 함수의 제곱은 '허용된 에너지 준위에서 전자를 발견할 수 있는 확률'을 나타냅니다.

전자의 위치는 전자 밀도가 90% 이상인 영역의 경계면을 표시하여 나타냅니다. 경계로 표시한 것이 오비탈(또는 궤도함수)입니다. 오비탈은 전자의 파동성을 다룬 일종의 확률적 도구입니다. 여러 개의 전자를

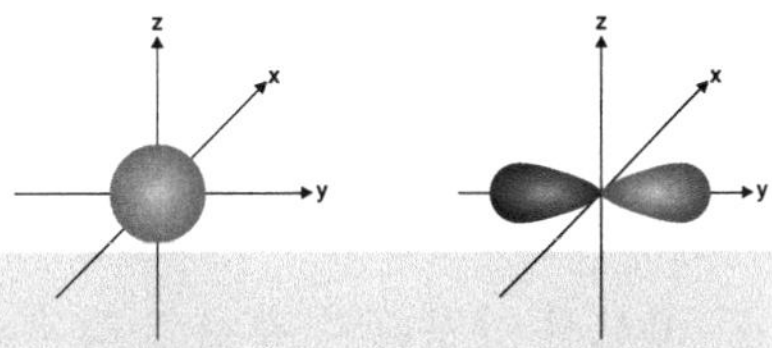

s 오비탈　　*p* 오비탈

오비탈은?
- 전자 점유 공간
- 파동 방정식의 해(ψ^2)
- 전자 밀도가 90%인 경계를 등고선으로 표시
- 모양은 각운동량 양자수로 표시

가지는 원자에는 에너지 준위가 다른 여러 개의 오비탈이 존재합니다.

오비탈은 왜 중요할까요?

화학은 핵 반응을 제외하고는 모두 원자에 있는 전자와 관련이 있습니다. 오비탈은 전자가 점유된 영역이므로 전자를 이해하고 다루는 데 매우 중요합니다.

전자의 상태는 양자수로 표현한다

양자수quantum number란 무엇이며 어떤 의미를 가질까요?

양자수란 전자의 모든 상태(에너지, 모양, 공간 배향, 스핀 상태)를 나타내는 성분입니다. 따라서 특정 오비탈에 있는 전자를 표현하는 데 각각의 상태마다 한 가지씩, 총 4가지 양자수가 이용됩니다. 즉, 원자의 오비탈은 전자의 에너지, 각운동량 및 각운동량의 백터 성분에 의해 결정됩니다. 이러한 성분들을 양자수라고 합니다.

앞에서 언급한 것처럼 원소의 개별 전자는 고유한 양자화된 에너지를 가집니다. 에너지의 양자화는 원자 핵에 잡혀 있는 전자의 특성이죠. 따라서 양자화된 전자를 양자수로 구별하거나 표현하는 겁니다.

전자의 에너지와 오비탈의 크기 정보는 주양자수(n)로 나타냅니다. 또 오비탈의 모양에 대한 정보는 각운동량 양자수(l)로 나타냅니다. 공간에서 오비탈의 배향에 대한 정보는 자기 양자수(m_l)로 나타내고, 전자의 스핀 상태에 대한 정보는 스핀 양자수(m_s)로 나타냅니다.

전자의 가장 중요한 양자화된 특성은 무엇일까요?

에너지입니다. 즉, 전자가 어떤 에너지 준위에 있는가 하는 거죠. 전자의 양자화된 에너지는 주양자수principle quantum number로 나타냅니다. 아울러 오비탈의 크기 정보도 주양자수로 알 수 있습니다. 주양자수는 양의 정수, 즉 1, 2, 3, …의 값을 갖습니다. 주양자수는 오비탈 문자 기호 앞에 표시합니다. 예를 들어, 오비탈을 1*s*, 2*s*, 3*s* 식으로 나타내며, 문자 앞의 1, 2, 3, …이 곧 주양자수 입니다. 핵에서 가까운 곳에서부터 1, 2, 3, …으로 양자수를 부여합니다. 따라서 2*s* 오비

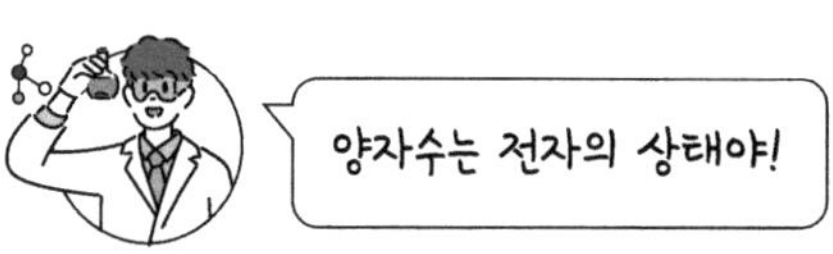

에너지, 크기: 주양자수(n)
모양: 각운동량 양지수(l)
자기 성질: 자기 양자수(m_l)
스핀 성질: 스핀 양자수(m_s)

탈은 1*s* 오비탈보다 핵에서 더 멀리 위치한다는 것을 알 수 있습니다. $n=1$은 K 껍질, $n=2$는 L 껍질 등으로 부르기도 합니다. 이는 원자에서 방출되는 X-선 에너지를 구분하기 위해 붙여졌습니다.

한편, 오비탈 모양은 각운동량 양자수azimuthal quantum number로 알 수 있습니다. 각운동량 양자수는 전자의 분포를 나타내는 양자수이며, $l = 0, 1, \cdots, (n-1)$로 표기합니다. 즉 전자가 가지는 각 운동량의 크기를 나타냅니다. 각운동량 양자수 값에 따른 오비탈을 문자로 *s*, *p*, *d*, *f* 등[•]으로 나타내기도 합니다.

오비탈은 방향 의존성도 있습니다. 이런 방향 의존성은 자기 양자수magnetic quantum number로 나타내죠. *s* 오비탈은 축이 없는 공 모양입

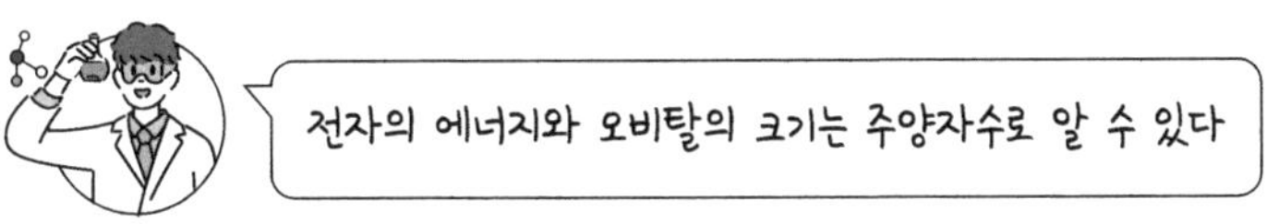

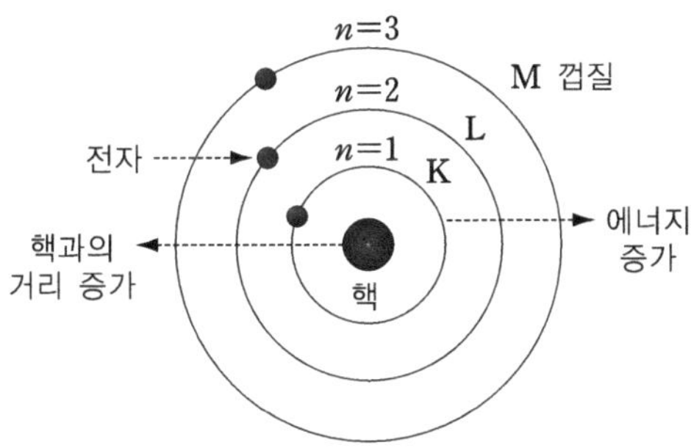

전자의 주양자수 $n = 1,2,3,\cdots$(K, L, M,…)

- 오비탈 약기호 *s*, *p*, *d*, *f*는 분광학자들이 알칼리 금속 분광선 설명에 대해 사용하던 **s**harp, **p**rincipal, **d**iffuse, **f**undamental에서 유래되었습니다.

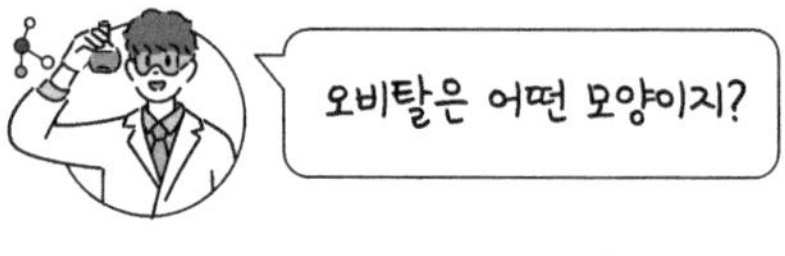

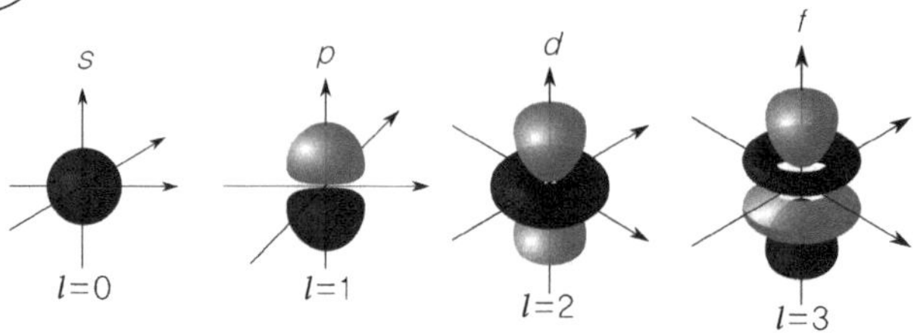

전자의 각운동량 양자수와 오비탈의 모양

니다. 따라서 공간에서의 특별한 방향성이 없습니다. 그러나 *p*, *d* 및 *f* 오비탈은 방향 의존성이 있습니다. 타원처럼 우선하는 축(우선 축)을 가지는 경우는 *x*, *y*, *z* 좌표 계에 대해 각기 다른 방향을 나타낼 수도 있습니다. 에너지와 전자 분포처럼, 오비탈의 방향 의존성도 양자화되어 있습니다. 즉, 우선하는 축을 가지는 오비탈은 모양뿐만 아니라 방향성도 가진다는 겁니다.

각운동량 양자수(l)가 0일 때는 우선하는 축이 없으므로 선택된 배향성이 없죠. 따라서 *s* 오비탈에 대해서는 자기 양자수(m_l)가 '0'입니

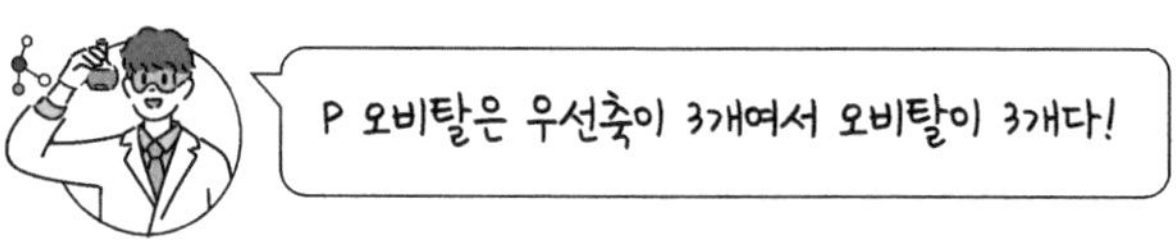

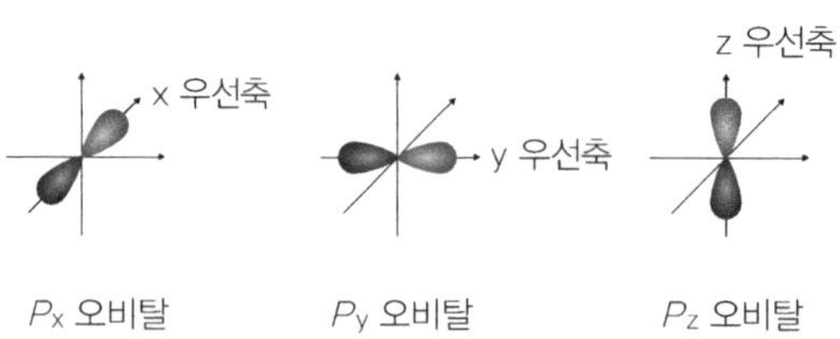

다. 각운동량 양자수가 1인 p 오비탈에서는 우선축이 x, y, z 축 중 하나로 배향할 수 있습니다. 따라서 p 오비탈의 자기 양자수는 +1, 0, −1의 세 가지가 가능합니다.

음전하를 띠는 전자는 어떻게 거동할까요? 정지한 상태일까요? 아니면 회전하고 있을까요?

전자는 핵 주위를 돕니다. 일종의 공전 운동입니다. 전자는 또한 자신의 무게 중심을 지나는 축을 중심으로 회전하는 일종의 자전 운동도 합니다. 전자의 이러한 자전 운동을 전자의 스핀spin이라고 합니다.

여러 개 전자를 가진 원자의 선 스펙트럼 연구 중에, 하나로 보였던 선이 실제로는 매우 근접한 두 개의 선(이중 선)이라는 것을 알게 되었습니다. 이중 선은 두 가지 정보를 제공합니다. 하나는 이들의 에너지 차이가 매우 작다는 것입니다. 이것은 두 선이 매우 가까이 있다는 것으로 알 수 있습니다. 또 다른 하나는 자기장 속에서 이 전자들의 거동이 다르다는 것입니다.

그렇다면 전자가 자기장 속에서 어떻게 다른 거동을 할 수 있을까요?

이 의문은 전자의 스핀이 배열을 가진다는 발상으로 해결되었습니다. 만일 스핀을 가진 전자가 자기장 속에서 놓이면, 두 가지 배열 방

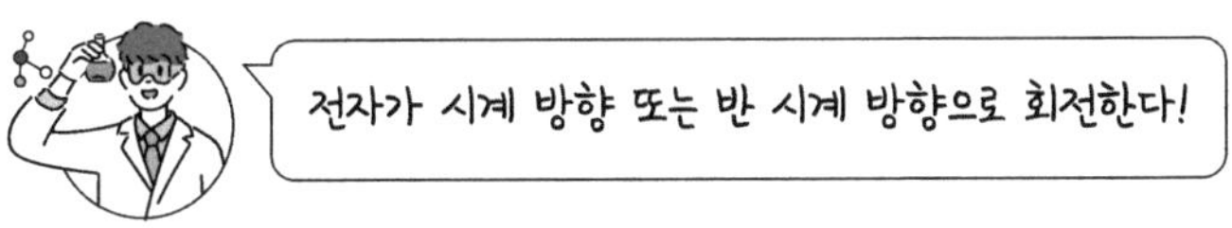

법(+ 또는 –) 중 하나로 거동할 수 있다고 생각한 겁니다. 전자의 이런 스핀 성질은 실험적으로 확인되었습니다. 전자의 스핀 양자수spin quantum number는 $+\frac{1}{2}$과 $-\frac{1}{2}$입니다. 스핀은 자기적 성질을 생성하는 전자 및 양성자의 고유한 각 운동량입니다. 전자 스핀 또한 양자화되어 있습니다.

전자 오비탈은 서로 혼합될 수 있다

전자 오비탈들은 서로 섞일 수 있을까요?

그렇습니다. 오비탈 사이의 에너지 차이가 아주 작으면 혼합될 수 있습니다. 오비탈이 혼합되면 어떻게 될까요? 결론을 먼저 말하면, 오비탈이 혼성되면 모양과 에너지 준위가 달라집니다. 좀 더 자세히 살펴봅시다.

전자는 양자화되어 있고, 따라서 여러 개의 에너지 준위의 오비탈에 전자가 점유되어 있을 수 있습니다. 이들 오비탈의 에너지 준위의 에너지 차이는 클 수도 있고, 작을 수도 있습니다. 낮은 에너지 준위의 오비탈 전자가 더 높은 에너지 준위의 오비탈로 들뜨려면, 에너지가 필요합니다. 이 에너지는 외부로부터 공급되어야 하죠. 그러나 만일 두 오비탈 간의 에너지 차이가 매우 작으면 어떻게 될까요?

두 오비탈 간의 에너지 차이가 크지 않으면, 오비탈들이 서로 혼합되어 새로운 모양의 오비탈을 형성할 수 있습니다. 에너지 준위가 다른 오비탈들이 서로 섞여서 제3의 다른 오비탈을 이루는 것을 혼성화hybridization라고 합니다.

에너지 준위 관점에서 볼 때 혼성은 에너지 차이가 크지 않은 오비탈들이 제3의 에너지 준위로 재배열되는 현상입니다. 혼성화를 통해 만들어진 오비탈을 혼성 오비탈hybrid orbital이라고 합니다.

오비탈의 혼성화에 대해 양자역학적으로 더 생각해볼까요?

양자역학적으로 원자 오비탈은 일종의 수학적인 함수로 표현됩니다. 따라서 혼성화는 일종의 수학적 조합이라고 볼 수 있습니다. 한 원자의 총 오비탈 수는 일정합니다. 따라서 혼성화 후의 원자 오비탈 수는 혼성에 관여한 원자 오비탈의 수의 합과 같습니다.

예를 들어, 2주기 원소인 탄소(C)의 전자 배치는 $1s^22s^22p^2$입니다. 혼성화되려면 우선 에너지가 유사해야 합니다. 즉, 주양자수가 동일

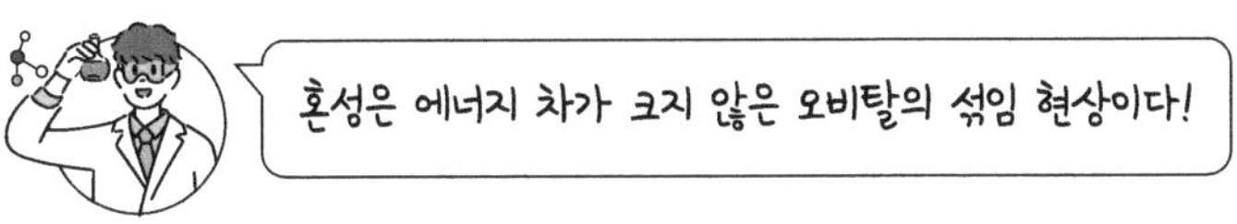

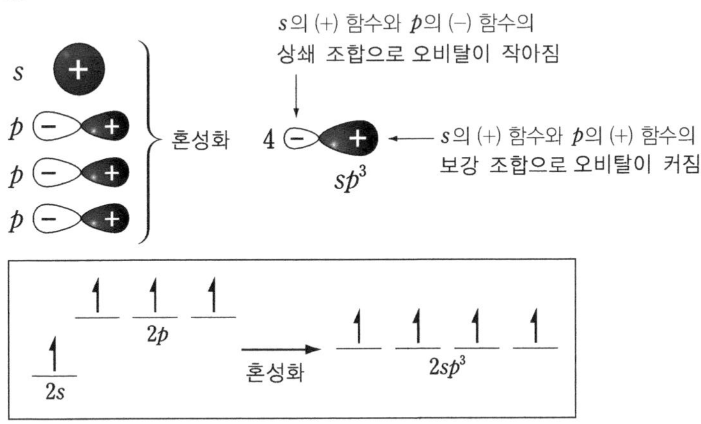

오비탈의 혼성화

한 오비탈들 사이에서 혼성화가 일어납니다. 탄소에서는 $2s$와 $2p$ 오비탈의 주양자수가 2로 동일합니다. 주양자수가 같다는 것은 같은 껍질에 있다는 것을 의미합니다. 따라서 $2s$와 $2p$ 오비탈의 에너지 차이는 아주 적습니다.

결국 탄소의 $2s$와 $2p$ 오비탈들은 혼성화될 수 있습니다. 탄소는 $2sp$, $2sp^2$, $2sp^3$ 등의 세 가지 혼성 오비탈을 형성합니다. $2sp$ 혼성 오비탈은 각각 하나씩의 $2s$와 $2p$ 오비탈로 만들어진 오비탈이죠. 또 $2sp^2$ 혼성 오비탈은 하나의 $2s$와 2개의 $2p$로부터, 그리고 $2sp^3$는 하나의 $2s$와 3개의 $2p$가 만드는 혼성 오비탈입니다.

구형인 s 오비탈과 아령 모양()인 p 오비탈이 혼성 오비탈을 이루면 한쪽 로브(나뭇잎 모양의 타원,)가 더 큰 오비탈()이 형성됩니다. 이 혼성 오비탈이 다른 원자와 결합하여 다양한 탄소 화합물을 형성합니다.

혼성화를 거쳐 형성되는 혼성 오비탈은 모두 시그마(σ) 결합 형성에 이용됩니다. 혼성화에 이용되지 않은 채로 남아 있는 $2p$ 오비탈들은 파이(π) 결합을 형성합니다.

혼성화 오비탈은 각기 다른 3차원 공간 배향을 하고 있습니다. 따라서 중심 원자의 혼성 오비탈의 종류에 따라 결합각이 다릅니다. 탄소 원자가 만든 2개의 $2sp$ 혼성 오비탈은 공간적으로 서로 180°로 떨어져 있습니다. $2sp$ 혼성 오비탈들은 각기 하나씩의 시그마 결합을 형성할 수 있고, 결합각 역시 180°가 됩니다. 따라서 $2sp$ 오비탈들로 형성된 결합은 직선 구조를 이루게 되죠. $2sp$ 혼성에 참여하지 않은 2개의 $2p$ 오비탈들은 각각 하나씩의 파이 결합을 형성합니다. $2sp$ 혼성을 하

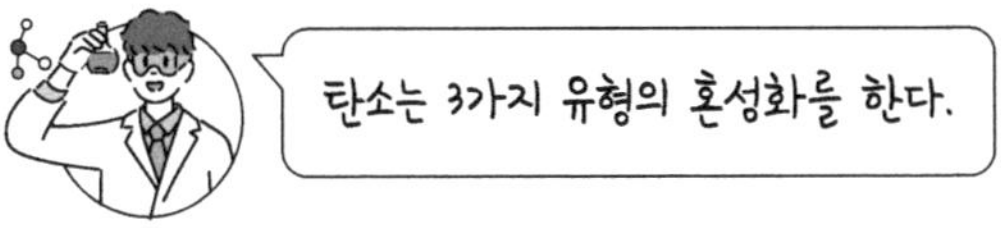

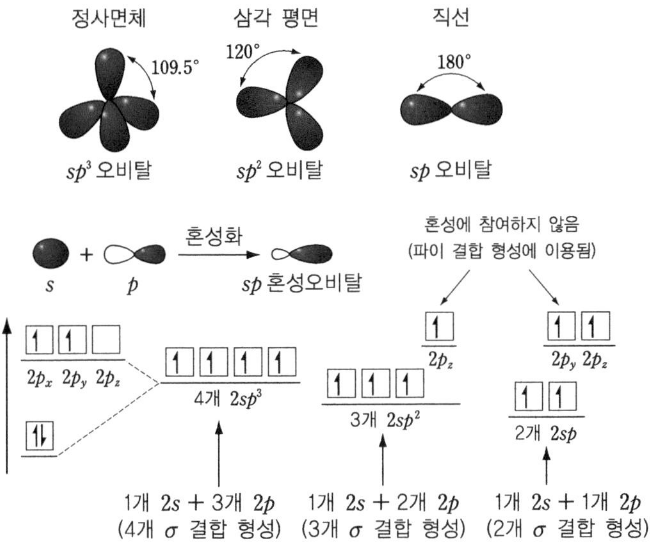

탄소(C)의 혼성화

는 탄소는 2개의 시그마 결합과 2개의 파이 결합을 이룰 수 있습니다.

탄소 원자의 3개 $2sp^2$ 혼성 오비탈은 각기 하나씩 3개의 시그마 결합을 형성할 수 있고, 공간적으로는 서로 120°로 배열되어 있습니다. 따라서 $2sp^2$ 혼성 원자가 이루는 분자 모양은 평면 삼각형 구조를 이룹니다. 이 때 혼성에 참여하지 않은 한 개의 $2p$ 오비탈은 하나의 파이 결합을 형성합니다. 따라서 $2sp^2$ 혼성을 하는 탄소는 3개의 시그마 결합과 1개의 파이 결합을 이룰 수 있습니다.

마지막으로, 탄소 원자의 4개의 $2sp^3$ 혼성 오비탈은 각기 하나씩 4개의 시그마 결합을 형성할 수 있습니다. $2sp^3$ 혼성 오비탈은 공간적으로 서로 정사면체(109.5°)로 배열됩니다. 따라서 $2sp^3$ 혼성 오비탈이 이루는 분자 모양은 정사면체 구조를 이룹니다.

결국 분자의 중심 원자가 어떤 혼성 오비탈을 이용하여 결합하는가에 따라 분자의 구조와 모양이 결정됩니다. $2sp^3$ 혼성 오비탈에 의한 탄소 화합물의 정사면체 구조는 화학과 생명 과학 등 여러 분야에서 매우 중요한 구조입니다. 아미노산의 거울상 이성질체enantiomer 현상이 대표적인 예입니다.

전자는 에너지가 낮은 오비탈부터 채운다

원자 오비탈에 전자를 어떤 순서로 채워야 할까요?

전자 배치는 원자가 바닥 상태에 있다고 생각하고 채웁니다. 원자가 가장 안정한 상태는 바닥 상태이기 때문이죠. 따라서 바닥 상태 원자의 전자 배치는 에너지가 가장 낮은 오비탈부터 채웁니다.

원자의 바닥 상태 전자 배치는 몇 가지 원리를 적용해야 합니다. 그 원리는 3가지입니다.

하나, 원자의 전자는 에너지가 가장 낮은 오비탈부터 채웁니다. 이 원리를 쌓음 원리aufbau principle라고 합니다.

둘, 하나의 오비탈에는 2개의 전자만이 점유될 수 있고, 스핀은 서로 반대여야 합니다. 2개의 전자는 동일한 양자수 세트(n, l, m_l, m_s)를 가질 수 없습니다. 이를 파울리 배타 원리Pauli exclusion principle라고 합니다.

셋, 여러 오비탈에 전자를 채울 때는 모든 오비탈에 동일 스핀 전자를 하나씩 채운 후에, 나머지 전자를 반대 스핀으로 채워서 짝을 지어야 합니다. 이를 훈트 규칙Hund' rule이라고 합니다.

바닥 상태에 있는 원자의 전자는 모든 원리에 맞게 배치되어야 합니다. 첫 번째 원리에 의해 바닥 상태 전자는 에너지가 낮은 오비탈부터 순서대로 채워나갑니다. 이때 에너지 크기는 주양자수 값과 각운동량 양자수 값의 합으로 판단합니다. 즉 $n+l$ 값이 더 작은 오비탈부터 전자를 채웁니다. $1s \rightarrow 2s \rightarrow 2p \rightarrow 3s \rightarrow 3p \rightarrow 4s \rightarrow 3d$ 등의 순서로 전자를 채우는 거죠.

한편 파울리 배타 원리에 따라, 하나의 오비탈에는 최대 2개의 전자만을 채웁니다. 또 두 전자들은 서로 반대 스핀으로 채웁니다. 즉 파울리 배타 원리에 따라 '2개의 전자가 동일한 양자수 세트를 갖지 않도록' 표기하는 겁니다.

원자의 전자 배치 방법은 어떻게 표시할까요? 원자의 전자가 오비탈에 어떻게 분포되는가를 알면 원자를 이해하는 데 큰 도움이 되죠. 화학자들은 용도에 맞는 몇가지 전자 배치 표기법들을 이용합니다.

바닥 상태 원자에 전자를 배치하려면 3가지 원리를 따라야 한다.

전자 배치 3가지 원리
- 쌓음 원리를 따른다.
- 파울리 배타 원리를 따른다.
- 훈트 규칙을 따른다.

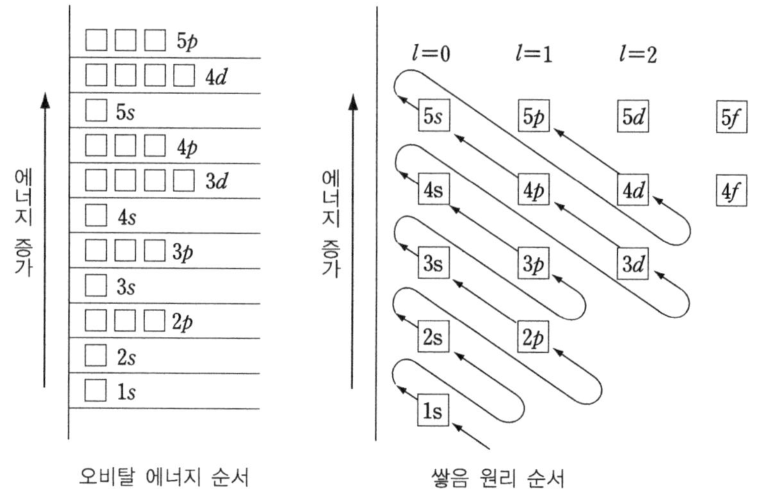

오비탈 에너지 순서와 쌓음 원리 순서

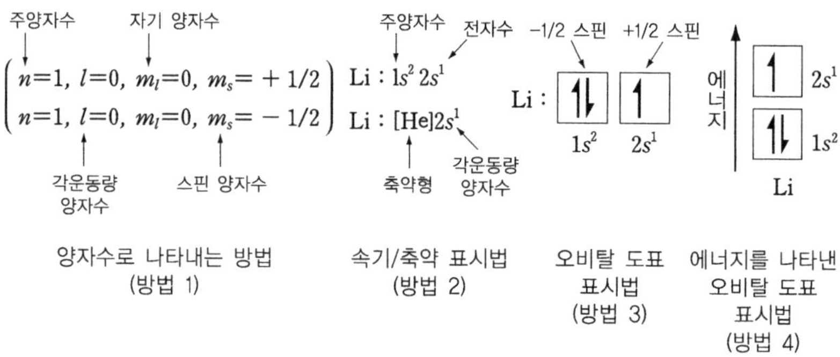

전자 배치 방법

오비탈 집합체는 전자껍질과 부껍질로 구분된다

앞에서 전자를 오비탈과 양자수로 기술했습니다. 그러면 전자의 거동도 오비탈로 서술할 수 있을까요?

가능합니다. 전자의 상호 작용을 오비탈의 상호 작용으로 나타내면 됩니다. 전자가 어떻게 거동(상호 작용)하는가는 오비탈의 두 가지 특성이 결정합니다. 바로 전자의 에너지와 3차원 공간에서의 분포 양상입니다.

전자의 에너지는 주양자수와 관련되고, 공간 내 분포 양상은 각운동량 양자수와 관련되죠. 따라서 전자의 거동을 오비탈과 관련지어 설명할 수 있는 것입니다. 여러 개의 전자를 갖고 있는 원자는 모든 전자에 대한 오비탈을 겹쳐서 기술하면 됩니다.

주양자수(n)가 증가하면, 에너지가 증가하고, 따라서 오비탈의 크기도 커집니다. 각운동량 양자수(l)가 증가하면, 오비탈의 전자 분포도 더 복잡해집니다. 오비탈 집합체를 전자껍질electron shell과 부껍질subshell로 구분합니다.

오비탈 집합체의 주양자수(n)가 동일한 것은 '전자껍질'이라고 합니다. 또 주양자수(n)와 각 운동량 양자수(l)가 같은 오비탈 집합체는 '부껍질'이라고 합니다. 전자껍질(또는 껍질)은 원자핵 주변에서 전자가 존재하는 오비탈이며, 에너지 준위(즉 주양자수)로 규정됩니다. 즉, 원자 전체 모양은 원자핵을 중심으로 전자껍질이 쌓여 이루어진 것이죠.

하나의 전자껍질은 여러 개의 부껍질들로 이루어지며, 각 껍질에는 규칙에 따라 여러 개의 전자가 들어갈 수 있습니다.

하나의 오비탈에는 최대 2개의 전자만 점유될 수 있습니다. 즉, s 부껍질에는 오비탈이 하나이므로, 최대 2개의 전자만 점유될 수 있습니다. 3개의 오비탈이 있는 p 부껍질에는 최대 6개, 5개의 오비탈이 있는 d 부껍질에는 최대 10개의 전자가 채워집니다. 전자껍질의 전자 채

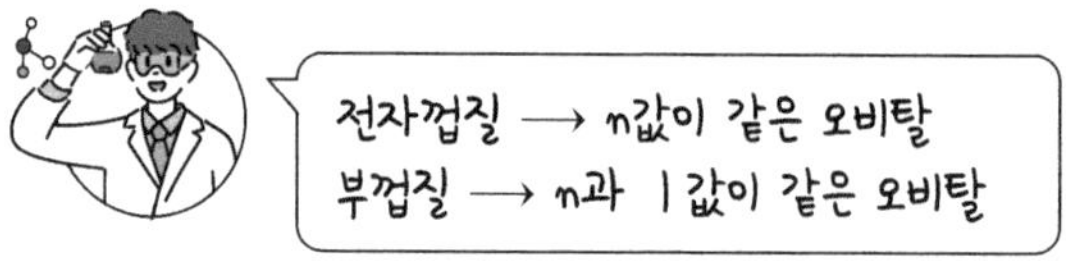

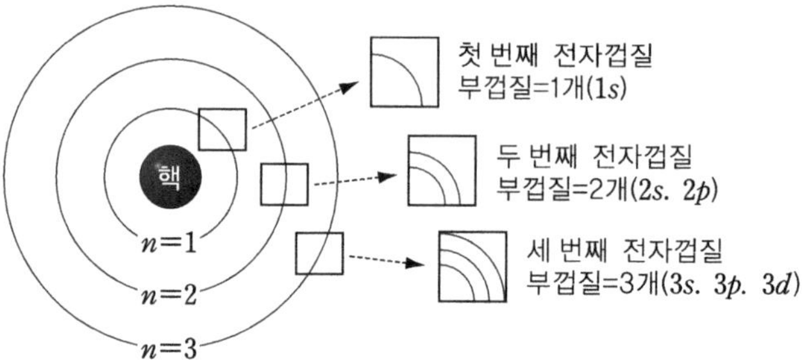

우기는 팔전자 규칙을 만족해야 합니다. 쌓음 원리에 따른 전자 배치에서 주양자수(n)값과 각운동량 양자수(l) 값의 합이 작은 것부터 전자를 채우게 되는 것은, 주양자수가 동일하더라도 각운동량 양자수(l)가 다른 부껍질 오비탈의 에너지는 각기 다르기 때문입니다.

원자마다 전자를 당기는 능력이 다르다

모든 원자들의 전자를 당기는 힘은 동일할까요?

아니요. 각기 다릅니다. 원자들이 전자를 당기는 능력이 다르기 때문에 각 원자의 특성을 발휘할 수 있습니다. 그렇다면 원자의 전자 당기는 능력을 어떻게 표시할까요? 과학자들은 전기음성도electronegativity라는 척도를 도입했습니다. 전기음성도는 '원자들이 전자를 당기려는 능력의 척도'입니다.

전기음성도는 상대적인 값으로 단위가 없고, 폴링(Linus Pauling, 1901~1994) 척도가 일반적으로 사용됩니다. 전기음성도는 원자의 유효 핵전하effective nuclear charge뿐만 아니라, 이온화 에너지ionization energy와 전자 친화도electron affinity 등을 설명하는 데 기초가 되므로 유용합니다.

왜 원자마다 전기음성도가 다를까요?

원자의 전기음성도는 유효 핵전하와 밀접한 관련이 있습니다. 유효 핵전하는 원자에 속한 원자가전자가 실제로 느끼는 핵의 전하량입니다. 각 원자의 원자가전자들은 내부 전자들의 가림shielding 때문에 실제로 느끼는 핵의 전하량이 다릅니다.

예를 들어, 수소 원자는 하나의 전자만을 가지죠. 따라서 수소의 전자는 다른 전자의 방해 없이 온전히 핵의 양전하에 의해서만 끌어당겨

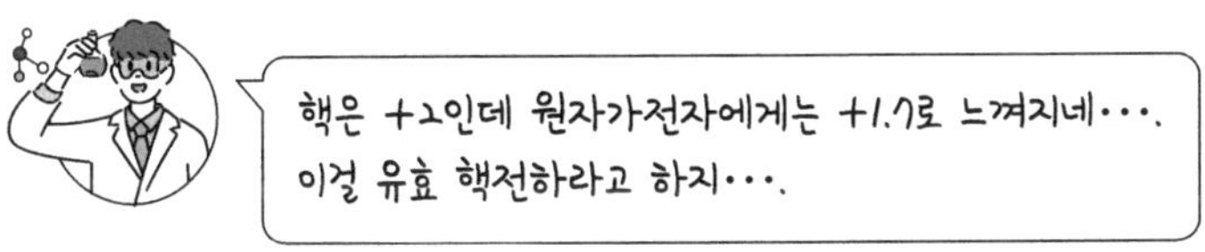

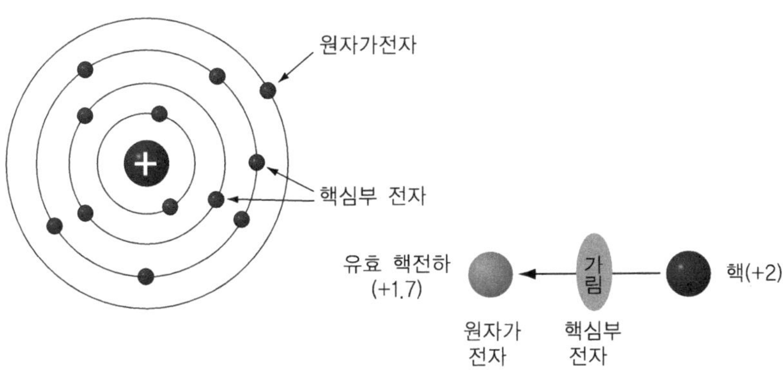

유효 핵전하는 실제 핵 전하에서 가림 현상에 의한 방해를 뺀 값이다.

집니다. 그러나 수소보다 전자 수가 더 많은 원자의 경우에는 어떨까요?

다전자 원자에서도 음(−)전하를 가지는 전자는 양(+)전하를 가진 핵에 의해 서로 끌리겠지요. 그러나 이 전자는 음전하를 가지는 다른 전자와는 서로 반발할 겁니다. 전자들 간의 이러한 반발은 핵과 원자가 전자 사이의 상호 인력을 얼마간 상쇄하게 됩니다. 이 현상이 바로 가림입니다. 따라서 다전자 원자의 원자가전자는 다른 전자에 의한 핵의 양전하 가림 현상때문에 전자−핵의 상호 인력이 줄어들게 됩니다. 이런 가림 현상은 내부 전자 수가 증가함에 따라 증가할 것입니다.

전기음성도는 주기율표의 왼쪽에서 오른쪽으로 갈수록 증가합니다. 또 같은 족에서는 아래서 위로 갈수록 증가합니다. 이런 경향성을 알기만 해도 결합과 화합물의 성질을 이해하는 데 큰 도움이 됩니다.

전기음성도 값이 클수록 전자를 끌어 당기는 정도가 큽니다. 결합한 두 원자 간의 전기음성도 차이가 크면, 결합의 극성도 더 커집니다. 이런 원소들의 전기음성도 차이가 극성 공유 결합을 만들어냅니다.

우리가 일상에서 다루는 대부분의 성질과 반응에는 전자가 관련되어 있습니다. 따라서 물질을 이해하려면 원자와 더불어 원자들이 가지는 전자의 거동을 잘 이해해야 합니다. 다음 장에서는 이러한 전자의 거동이 어떤 규칙성을 나타내는지 원소 주기율표를 통해 알아보겠습니다.

제5강

주기율표는 원자의 암호문이다

화학을 처음 대하는 사람들은 원소 주기율표를 만나면서 힘들어 합니다. 백여 개가 넘는 원소로 구성된 주기율표를 반드시 암기해야 한다고 생각하기 때문이죠. 물론 노력하면 누구나 주기율표를 암기할 수 있죠. 그러나 더 중요한 것은 주기율표가 담고 있는 화학적 지식과 정보를 이해하는 것입니다. 원소의 주기율표를 충분히 이해하면 화학을 배우고, 익히고, 연구하는 데 큰 도움이 됩니다.

주기율표는 어떻게 만들어졌나?

주기율표는 어떻게 만들어졌을까요?

원자가 가지고 있는 전자들 때문에 가능했습니다. 원소의 화학적 성질은 전자가 결정합니다. 따라서 각 원소가 몇 개의 전자를 가지고 있는지는 매우 중요합니다. 실제로 전자 배치를 알면 원자의 많은 성질을 이해할 수 있을 거라는 생각이 '주기율표'를 가능하게 했습니다. 주기율표에는 원자들의 많은 정보가 담겨 있습니다. 일종의 원자 암

주기율표 Periodic Table of the Elements

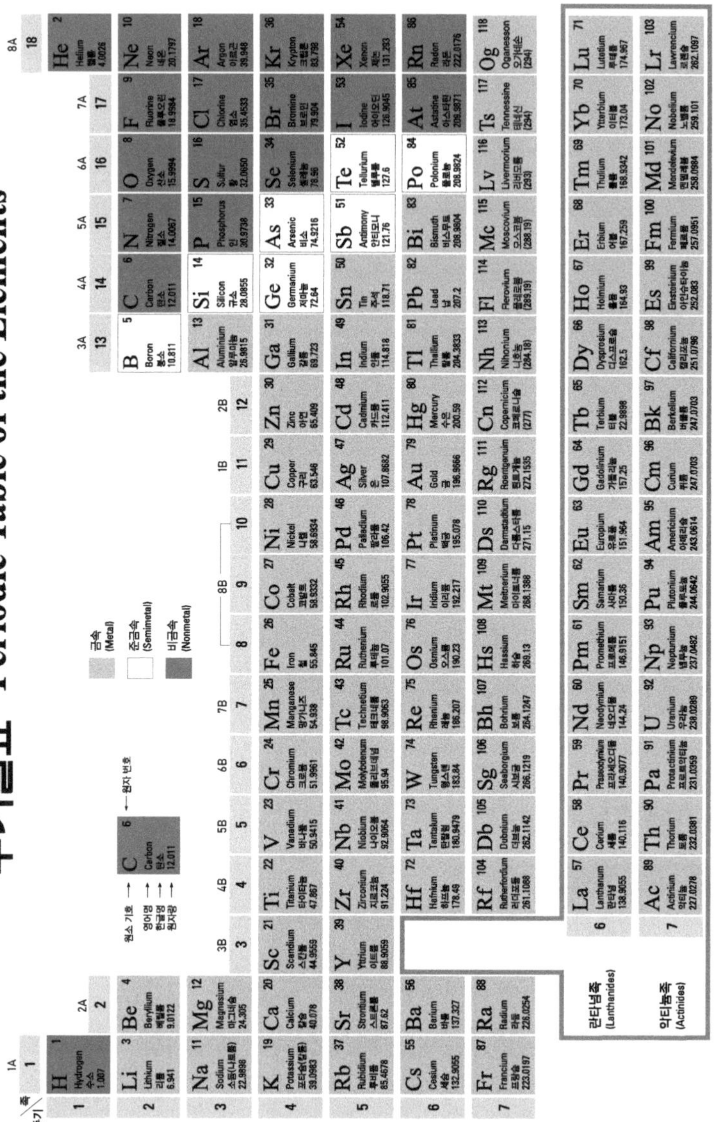

- 주기율표는 원소를 원자 번호 순으로 배열한 것이다.

호문인 셈이죠.

중성 원자의 전자 수는 곧 양성자의 수와 같고, 또한 원자 번호와도 같습니다. 즉, 원자 번호를 알면 전자 수, 양성자 수를 자연히 알게 되는 거죠. 그래서 모든 원소를 원자 번호로 구별합니다. 원자 번호는 양의 정수로만 나타냅니다. 양성자 반 개를 가진 원자는 없기 때문입니다. 원소 주기율표는 원소를 원자 번호 순으로 나열한 표입니다.

주기율표는 원자의 정보 문서나 다름없습니다. 화학자들이 이 암호문을 어떻게 만들게 되었는지 살펴보죠. 대부분의 원소들은 자연계에서 원소 상태로 발견되지는 않습니다. 자연에 있는 물질들은 더 안정한 화합물을 형성하려는 속성이 있기 때문이죠. 따라서 19세기 이전에는 몇 가지의 원소들만 알려졌습니다. 그후에 많은 원소가 발견되면서 과학자들은 원소를 분류하려고 시도하였습니다.

오늘날의 주기율표가 만들어지는 데는 두 과학자의 공헌이 컸습니다. 러시아의 멘델레예프(Dmitri Ivanovich Mendeleev, 1834~1907)와 독일의 마이어(Julius Lothar Meyer, 1830~1895)입니다. 공교롭게도 두 사람은 거의 동일한 시기에 유사한 분류표를 만들었죠.

이 두 사람은 원자량이 증가하는 순서로 원소를 배열했을 때, 물리적·화학적 성질이 주기적으로 반복되어 나타나는 사실을 발견했습니다. 당시에는 원자 번호를 알지 못했으나, 우연히 원자들이 원자 번호 순서로 배열되었던 거죠. 원자량이 증가하면 일반적으로 원자 번호도 증가하기 때문입니다.

원자 번호는 러더포드의 원자 구조 모형이 제안된 뒤로 2년 후에 영국의 모즐리(Henry Gwyn Jeffreys Moseley, 1887~1915)에 의해 원자

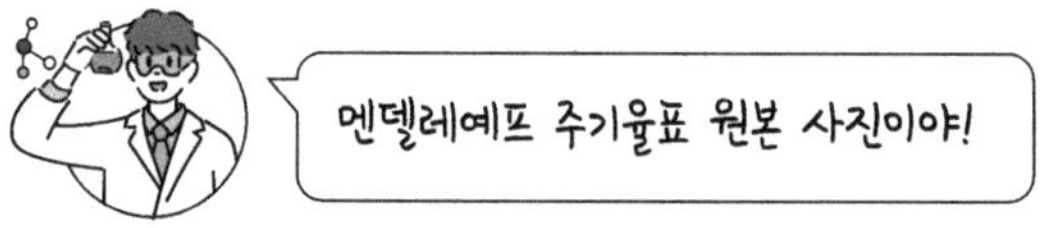

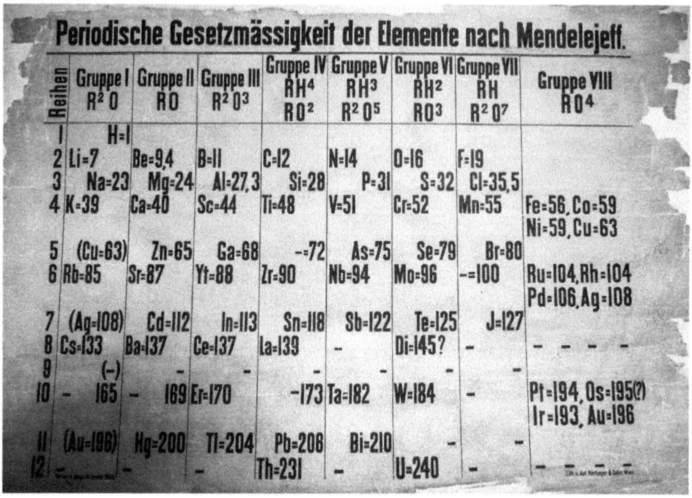

Periodische Gesetzmässigkeit der Elemente nach Mendelejeff.

Reihen	Gruppe I R^2O	Gruppe II RO	Gruppe III R^2O^3	Gruppe IV RH^4 RO^2	Gruppe V RH^3 R^2O^5	Gruppe VI RH^2 RO^3	Gruppe VII RH R^2O^7	Gruppe VIII RO^4
1	H=1							
2	Li=7	Be=9,4	B=11	C=12	N=14	O=16	F=19	
3	Na=23	Mg=24	Al=27,3	Si=28	P=31	S=32	Cl=35,5	
4	K=39	Ca=40	Sc=44	Ti=48	V=51	Cr=52	Mn=55	Fe=56, Co=59 Ni=59, Cu=63
5	(Cu=63)	Zn=65	Ga=68	–=72	As=75	Se=79	Br=80	
6	Rb=85	Sr=87	Yt=88	Zr=90	Nb=94	Mo=96	–=100	Ru=104, Rh=104 Pd=106, Ag=108
7	(Ag=108)	Cd=112	In=113	Sn=118	Sb=122	Te=125	J=127	
8	Cs=133	Ba=137	Ce=137	La=139	–	Di=145?	–	– – – –
9	(–)	–	–	–	–	–	–	
10	– 165	– 169	Er=170	–173	Ta=182	W=184	–	Pt=194, Os=195(?) Ir=193, Au=196
11	(Au=196)	Hg=200	Tl=204	Pb=206	Bi=210	–	–	
12	–	–	–	Th=231	–	U=240	–	– – – –

들의 X-선 진동수를 기준으로 도입되었습니다. 모즐리는 원자 핵의 양성자 수와 전자 수가 동일하다는 것도 확인했습니다. 원자량에 기초한 초기 주기율표의 몇 가지 문제점은 원자 번호atomic number라는 언어가 등장하면서 분명하게 해결되었습니다.

원소들은 원자가전자들의 배치에 따라 물리적·화학적 성질들이 주기성을 가진다는 것이 주기율표에 나타나 있습니다. 따라서 원소 주기율표를 통해 원소의 성질을 매우 유용하게 예측하고 이해할 수 있습니다.

원자의 질량은 대체로 원자 번호가 증가함에 따라 증가하지만, 정확히 비례하지는 않습니다. 그리고 원소마다 동위 원소isotope•가 다양한 비율로 존재하기 때문에, 원자량은 구성 비율에 따른 평균 원자 질량(평균값)으로 나타냅니다.

원소의 화학적 성질은 무엇이 결정할까요?

원소의 화학적 성질을 결정하는 주요 요인은 전자입니다. 전자 수가 다르면 원소의 성질이 달라집니다. 원자 번호가 증가하면, 핵 주위에 배치될 전자 수도 따라서 증가합니다. 결국 원자의 전자 배치가 달라지죠.

원자가전자의 전자 배치가 유사하면 원자의 성질도 유사합니다. 놀랍게도 이런 성질이 어떤 주기를 따라 나타납니다. 이런 원자의 주기적 성질이 원소 주기율표가 가능하게 한 거죠.

어떻게 주기율표로 원소의 성질을 이해하고 예측할 수 있을까요? 이는 주기율표에 있는 원소들의 전자 배치를 살펴봄으로써 가능합니다. 원소 주기율표를 이해하려면 먼저 주기율표의 구조를 살펴보는 것이 좋습니다.

원소 주기율표의 구조는 어떤가?

원소 주기율표는 어떤 기준으로 원소들을 나열할까요?

- 동위 원소: 원자 번호는 같지만, 중성자 수가 다른 원소.
  예) 수소($^{1}_{1}H$), 중수소($^{2}_{1}H$), 삼중수소($^{3}_{1}H$).

앞서 언급했듯이, 원소 주기율표는 원자 번호 순으로 배열되어 있습니다. 원자 번호는 전자 수와 동일합니다. 전자 수에 따라 원자를 나열하면 놀랍게도 일정한 간격을 두고 비슷한 성질을 보입니다.

주기율표에는 원소가 원자 번호에 따라 왼쪽에서 오른쪽으로 배열되고, 다시 그 다음 줄에 성질이 반복되는 원소들이 순차적으로 배열되어 있습니다. 이 가로줄을 주기period라고 하죠. 가로줄에 배열된 원소들은 왼쪽에서 오른쪽으로 갈수록 성질이 체계적으로 변하는 것을 알 수 있습니다.

주기별로 배열된 원자들의 세로줄을 족group이라고 합니다. 같은 족에 속한 원소들의 원자가전자 배치는 동일합니다. 따라서 서로 유사한 성질을 나타냅니다. 이러한 원자의 주기성periodicity을 통해 원소의 물리적·화학적 성질을 예측하고 이해하는 것이 가능합니다. 주기성을 보이는 원자들의 성질은 원자 반지름, 유효 핵전하, 전기음성도, 전자

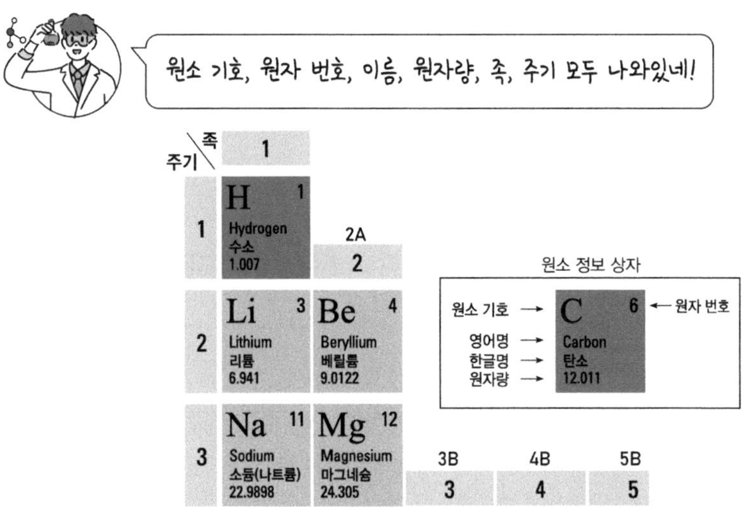

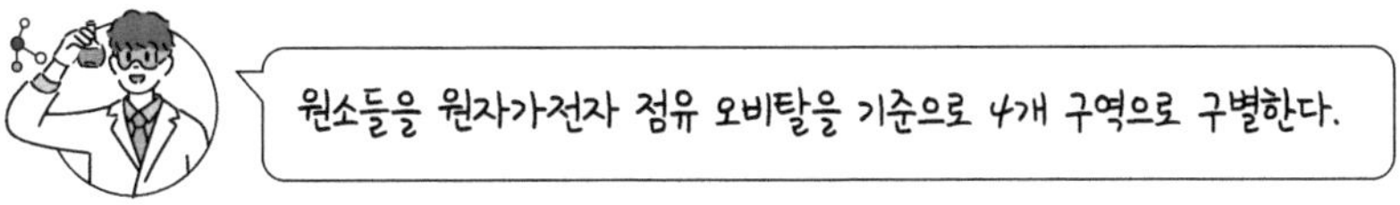

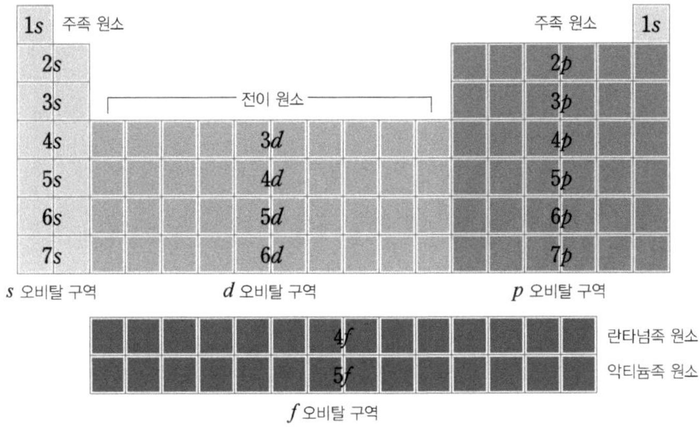

원자의 오비탈 구역

친화도 및 이온화 에너지 등입니다.

원소 주기율표가 무엇을 나타내고 있는지 더 살펴보죠. 원소 주기율표에서는 각 원소의 정보를 하나의 작은 상자에 나타냅니다. 이 정보 상자에는 원자 번호, 원소 기호, 이름 그리고 원자량을 나타냅니다.

주기율표는 7개의 주기(가로 줄)와 18개의 족(세로 줄)으로 구분되어 있습니다. 18개 족은 원자가 전자를 가지고 있는 오비탈을 기준으로 4개의 구역(*s* 구역, *p* 구역, *d* 구역 및 *f* 구역)으로 구분되어 있습니다.

주기 번호는 오비탈의 주양자수와 같습니다. 첫 번째 주기(1주기)에는 수소와 헬륨만 포함됩니다. 2주기와 3주기에는 각각 8개 원소가 있고, 4주기와 5주기에는 32개 원소가 배열되어 있습니다. 다르게는 원자가전자가 점유된 오비탈로 구분하기도 합니다. *s* 구역과 *p* 구역 원소는 주족 원소main group elements, *d* 구역 원소는 전이 원소transition elements, *f* 구역 원소는 란타넘족lanthanides과 악티늄족actinides이라고 부릅니다.

주기율표의 오비탈 구역을 알면 원자가전자가 점유된 오비탈과 전자 수를 알 수 있습니다. 모든 주기는 *p* 구역에서 끝나며, 이것은 *np* 오비탈에 전자가 모두 채워져 있음을 의미하죠. 따라서 다음 전자는 (*n*+1)*s* 오비탈(다음 주기의 오비탈)에 채워져야 한다는 것을 예고합니다.

원소를 크게 금속metal, 비금속nonmetal 및 준금속semimetal으로 구분합니다(104쪽 주기율표 참고). 비금속 원소는 수소(H), 헬륨(He)을 포함하여 모두 19개이며, 상온에서 액체인 브로민(Br)과 몇 가지 고체 물질이 비금속에 포함되지만 나머지는 모두 기체입니다. 수소와 헬륨은 *s* 오비탈 원소이고, 나머지는 모두 *p* 오비탈 원소입니다. 18족(He, Ne, Ar, Kr, Xe, Rn, Og 등)은 비금속이지만 ns^2np^6의 전자 배치를 하므로 반응성이 매우 작아 비금속성을 나타내지는 않습니다.

준금속은 주기율표에서 금속과 비금속의 경계에 위치하며(13~16족), B, Si, Ge, As, Sb, Te, Po의 7개 원소가 있습니다. 준금속은 금속과 비금속의 중간 성질 또는 양쪽 모두의 성질을 가지고 있어 유용하게 이용되죠. 예를 들면, 실리콘(Si)과 저마늄(Ge)은 반도체에 이용됩니다.

비금속과 준금속을 제외한 모든 원소는 금속이며 상온에서 수은(액체)을 제외하고는 고체로 존재합니다. 수소와 헬륨을 제외한 모든 *s* 오비탈 원소와 *d* 및 *f* 오비탈 원소 모두가 해당됩니다.

주기율표로 원자 크기도 예측할 수 있다

주기율표로 원자의 크기를 예측할 수 있을까요?

가능합니다. 그렇다면 먼저 원자의 크기가 어떻게 결정되는지 알아보죠. 원자 크기는 원자의 전자 구름에 의해 결정됩니다. 즉, 오비탈의 크기에 따라 결정됩니다. 오비탈의 크기는 핵과 전자 사이의 인력(유효 핵전하), 오비탈의 에너지 및 전자 분포 등 여러가지 요인에 의해 결정됩니다.

원자 크기의 편리한 척도는 원자 반지름atomic radius입니다. 흔히 원자를 공 모양으로 생각하지만, 양자역학적 모양으로 전자 분포가 '0'이 되는 경계를 명확하게 정하기는 어렵습니다. 그렇다면 원자 반지름은 어떻게 정할까요?

원자 반지름은 원자핵에서 가장 멀리 있는 바깥 오비탈의 전자 구름까지의 거리로 정의합니다. 또 원자 반지름은 결합했을 때와 결합하지 않았을 때로 구분해야 하죠. 결합하지 않은 오비탈이 결합 오비탈보다 더 크기 때문입니다. 결합하지 않은 원자의 반지름은 '두 원자가 서로 결합하지 않은 상태로 최대한 가까이 접근했을 때, 인접한 두 원자들 간의 거리의 절반($\frac{1}{2}$)'으로 정의합니다. 이 반지름을 반데르발스 반지름van der Waals radius 또는 비결합 원자 반지름nonbonding atomic radius이라고 합니다.

한편 결합 원자 반지름bonding atomic radius은 '공유 결합하고 있는 두 원자의 핵 간 거리의 절반($\frac{1}{2}$)'으로 정의합니다. 다르게는 공유 반지름

covalent radius이라고도 부릅니다.

원자 반지름은 원자의 모든 다른 성질에 영향을 주기 때문에 중요합니다. 일반적으로 원자 반지름은 주기율표 왼쪽에서 오른쪽으로 갈수록, 즉 원자 번호가 커질수록 작아집니다.

왜 그럴까요?

이유는 원자 번호가 증가하면 따라서 유효 핵전하가 증가하기 때문입니다. 원자 번호가 커지면, 핵심부 전자는 동일하지만, 양성자 수는 증가합니다. 그렇게 되면 원자의 전기적 균형을 맞추기 위해 원자가 전자가 추가되어야 합니다. 그러나 전자 수가 증가하더라도, 증가하는 핵전하를 효과적으로 가리지는 못합니다. 따라서 유효 핵전하는 꾸준히 증가하게 되며, 전자는 핵 쪽으로 더 끌리게 되죠. 따라서 원자 반지름이 작아지게 됩니다.

그러나 주기율표의 같은 족에서는 아래로 갈수록 원자의 크기가 증가하는 경향성을 보입니다. 그 이유는 원자가전자가 핵으로부터 더

비결합 원자 반지름과 결합 원자 반지름은 다르다. 결합 원자 반지름을 공유 반지름이라고도 한다.

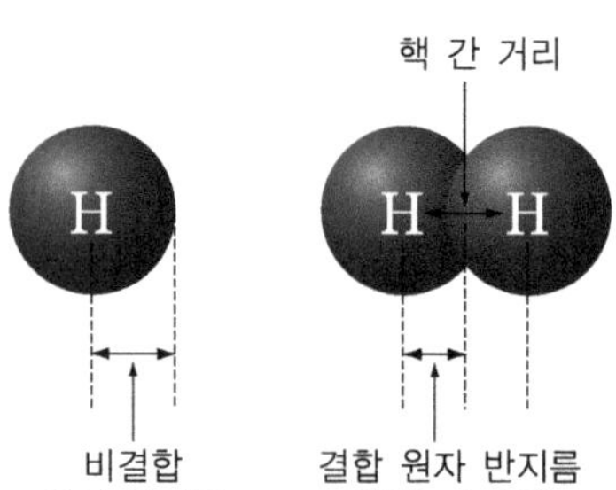

멀리 존재하기 때문입니다. 같은 족에서는, 아래로 갈수록 주양자수가 증가합니다. 주양자수가 증가하면 최외각 전자들은 핵으로부터 더 멀리 존재할 확률이 커지죠. 전자가 핵으로부터 멀리 있게 되면 원자 크기가 증가합니다. 따라서 원자 반지름도 커집니다.

원소는
다른 주기성도 보인다

원소의 다른 주기성을 살펴봅시다.

결론부터 말하면 전기음성도electronegativity, 전자 친화도electron affinity 및 이온화 에너지ionization energy에도 주기성이 있습니다. 이런 주기성도 주기율표로 예측할 수 있습니다.

먼저 전기음성도의 주기성을 살펴보죠. 원소의 전기음성도는 몇몇 예외가 있지만 주기성을 보입니다. 전기음성도는 일반적으로 주기율표의 왼쪽에서 오른쪽으로 갈수록 증가하고, 위에서 아래로 갈수록 감소합니다. 다만 비활성 기체인 18족 원소들은 반응성이 매우 적고, 대부분 공유 결합을 형성하지 않으므로 전기음성도를 결정하는 폴링 척도에서는 제외합니다.

이온화 에너지의 주기성을 간단히 살펴보죠. 이온화 에너지는 원자가 전자를 잃을 때의 에너지 변화량입니다. 이온화 에너지는 같은 주기에서 일반적으로 왼쪽에서 오른쪽으로 가면서 증가하는 경향을 보입니다. 이유는 유효 핵전하가 증가하고, 원자 반지름이 감소하여 원자가전자의 이온화가 어려워지기 때문입니다. 즉, 전자가 핵에 단단히 잡혀 있는 거죠. 또한 같은 족에서는 위에서 아래로 갈수록 이온화 에너지가 감소합니다. 이는 원자가전자가 핵으로부터 점차 멀어지기 때문입니다.

원소 주기율표를 충분히 이해하면, 화학을 잘 이해할 수 있습니다. 화학은 이해와 논리의 학문입니다. 암기의 학문이 아니죠. 화학을 논리적으로 이해하면 쉽고, 암기하면 어려운 학문이 됩니다.

제6강

에너지는 세상을 움직이는 동력이다

세상을 움직이는 동력은 에너지입니다. 그렇다면 에너지의 본질은 무엇일까요?

찬물을 마시면 더위를 이길 수 있고, 따뜻한 물을 먹으면 체온을 올려 몸을 데울 수 있습니다. 주전자 속의 찬물을 끓이면, 수증기가 발생하죠. 수증기 발생량이 증가하면 뚜껑을 움직이게 하는 힘을 가집니다. 이런 수증기의 힘이 증기 기관차도 움직입니다.

찬물이나 따뜻한 물이나 수증기나 모두 같은 성분인데, 왜 이처럼 다른 힘을 가지게 되는 걸까요? 포함하고 있는 에너지가 다르기 때문입니다. 찬물보다는 뜨거운 수증기가 더 많은 에너지를 가지고 있습니다. 이처럼 물질은 상태에 따라 다른 에너지를 가지고 있습니다.

에너지는 일을 하거나 열을 전달하는 능력이다

주변의 자연과 물질의 변화를 이해하기 위해서는 이들의 에너지의 변화를 이해해야 합니다. 에너지는 볼 수도 없고, 손으로 만질 수도 없으며 질량도 없습니다. 그러나 다행스럽게도 조절하거나 관측할 수는 있습니다.

에너지는 일을 하거나 열을 전달하는 능력입니다. 어떤 물체에 힘을 가해서 물체가 움직였을 때 '일을 했다'고 말합니다. 이때 물체에 가해진 힘이 곧 에너지입니다. 또 열은 물체의 온도를 올리는 데 사용되는 에너지입니다.

에너지를 크게 두 가지로 구분합니다. 하나는 움직이는 물체가 가지는 운동 에너지kinetic energy이고, 다른 하나는 늘어난 용수철이나 화학 결합 등에 저장된 퍼텐셜 에너지potential energy입니다. 퍼텐셜 에너지는 다른 물체에 대한 상대적인 위치에 의해 결정됩니다. 따라서 위치 에너지라고도 합니다.

전하의 상호 작용으로 생기는 퍼텐셜 에너지도 있습니다. 원자나 분자 사이의 상호 작용에서는 전하에 의해 발생하는 힘(에너지)이 중요합니다. 전하를 띤 입자 사이의 상호 작용으로 발생하는 에너지를

일을 하거나 열을 전달하는 능력이 에너지다. 페텐셜 에너지와 운동 에너지로 구분된다.

정전기 퍼텐셜 에너지electrostatic potential energy라고 합니다.

정전기 퍼텐셜 에너지는 화학에서 다루는 가장 중요한 퍼텐셜 에너지 중 하나입니다. 부호가 반대인 전하는 서로 당기고, 부호가 동일한 전하들은 서로 반발합니다. 이런 상호 작용의 세기는 전하의 크기와 전하 간의 거리에 의존하죠. 따라서 전하의 크기가 커지면 에너지는 증가합니다. 반대로 전하 사이의 거리가 멀어지면 에너지는 감소합니다.

큰 물질 덩어리에서의 에너지 변화가 분자 수준의 에너지와 관련이 있을까요? 예, 이들은 직접적인 관련이 있습니다. 화학을 배우는 목적 중 하나는, 자연과 물질에서 볼 수 있는 큰 에너지 변화가 분자 수준의 에너지와 어떻게 관련되는지를 이해하는 것입니다.

물질의 물리적 및 화학적 변화에는 항상 에너지 변환이 수반되죠. 예를 들면, 주방용 가스가 연소되면 많은 열이 발생합니다. 가스 분자의 화학 결합에 저장되어 있는 퍼텐셜 에너지가 연소열로 방출되는 것입니다.

화학 결합은 '물질의 에너지 저장고'입니다. 화학 반응을 통해 에너지가 흡수되기도 하고, 방출되기도 합니다. 그래서 반응 속도도 에너지 의존성이 있습니다. 원자 사이에 결합이 형성될 때는 에너지가 방출되고, 결합이 끊어질 때는 에너지가 필요하므로 흡수합니다. 그래서 화학 반응에는 늘 에너지 변화가 수반되는 거죠.

사람은 음식물을 통해 에너지를 얻는다

사람도 살아가기 위해서는 에너지가 필요합니다. 인간은 이런 필요한 에너지를 배터리나 태양으로부터 직접 받는 것은 불가능합니다. 그 대신 음식을 통해 화학 에너지를 얻어 사용합니다. 섭취한 음식은 체내에서 대사를 통해 필요한 물질과 에너지를 공급하죠. 음식의 소화 과정은 일종의 화학 반응이죠.

생명체는 어떻게 필요한 물질과 에너지를 얻을까요?

생명체는 대사metabolism라는 반응을 통해 필요한 에너지와 화합물을 얻습니다. 음식물의 화학 결합이 끊어지고, 다시 결합하여 새로운 물질을 합성하는 일련의 복잡한 과정이 곧 대사입니다. 이 과정에서 결합에 저장되었던 화학 에너지를 활용하기도 하고, 새로운 결합에 저장하기도 합니다.

대사는 두 가지로 구분됩니다. 큰 분자를 작은 분자로 만드는 과정은 분해 대사catabolism이고, 작은 분자로 큰 분자를 만드는 과정은 합

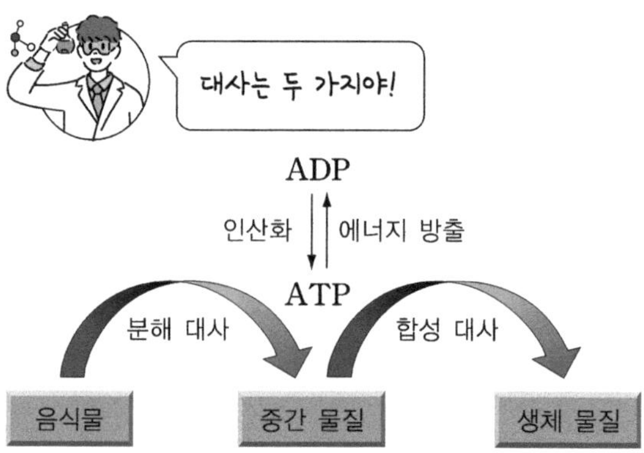

성 대사anabolism입니다. 합성 대사는 에너지를 흡수하는 에너지 증가 반응이고, 분해 대사는 에너지를 방출하는 에너지 감소 반응입니다.

우리는 음식으로 단백질, 탄수화물, 지방을 섭취합니다. 섭취한 음식은 소화라는 첫 번째 분해 과정을 거쳐 먼저 지방산과 글리세롤glycerol, 간단한 당 및 아미노산 등으로 변환됩니다. 이들은 세포 내에서 분해되어 아세틸 보조 효소 Aacetyl CoA로 전환됩니다. 이 보조 효소는 음식물 분자의 대사 과정과 다른 많은 생물학적 경로 양쪽에서 매우 중요한 물질입니다. 아세틸 보조 효소 A는 시트르산 회로citric acid cycle•를 거쳐 에너지 공급 물질인 ATP가 됩니다.

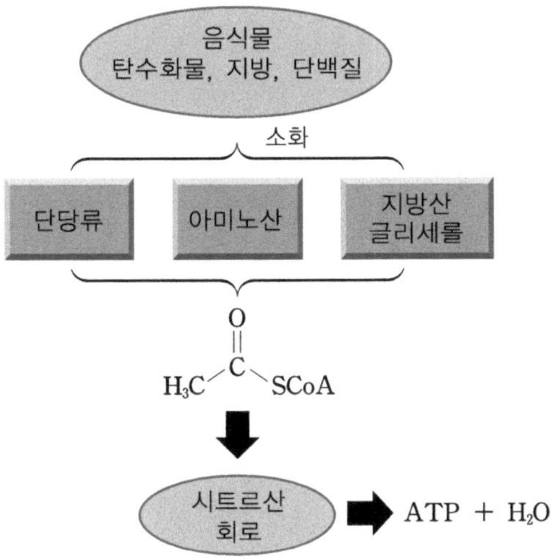

음식물이 분해되는 대사 과정

- 시트르산 회로: 세포 호흡의 중간 과정 중 하나. 산소 호흡을 하는 생물이 탄수화물, 지방, 단백질 같은 호흡 기질을 분해해서 얻은 아세틸-CoA를 CO_2로 산화시키는 과정에서 방출되는 에너지를 ATP(또는 GTP)에 일부 저장하고, 나머지 에너지를 NADH + H^+, $FADH_2$에 저장하는 일련의 화학 반응

생명체는 ATP를 어떻게 이용할까요?

생명체의 반응은 체온 조건에서 자발적으로 일어나야 합니다. 그러나 체내에는 자발적으로 일어날 수 없는 반응(비자발적 반응)도 있습니다. 생명체가 살아가려면 이런 비자발적 반응도 일어나게 해야합니다. 그러면 생명체는 어떻게 비자발적인 반응을 일어나게 할까요?

생명체는 ATP를 이용하여 비자발적인 반응을 자발적 반응으로 변환합니다. 예를 들어, 글루코스와 인산기($HOPO_3^{2-}$)만으로는 자발적으로 반응을 일으키지 못합니다. 그러나 ATP와 글루코스는 자발적으로 반응하여 인산화phosphorylation를 일으킵니다. 이 과정에서 3개의 인산기를 가진 ATP는 한 개 인산기를 전달하고 ADP로 변환되며, 필요한 에너지는 약 4 kcal/mol입니다.

ATP가 ADP로 될 때 약 7.3 kcal/mol의 에너지를 방출합니다. 이 에너지 양은 앞의 글루코스 반응에 필요한 에너지를 보상하고도 남는 양입니다. ATP는 생명체의 유용한 에너지 공급 물질입니다.

화학 결합의 에너지가 어떻게 일과 열로 변환되고, 열과 일이 어떻게 화학 에너지로 변환되는지를 다루는 분야가 화학 열역학chemical thermodynamics입니다. 열역학은 에너지 이론과 변환을 다루는 학문입니다. 즉, 열역학은 에너지, 열, 일, 엔트로피와 반응 과정의 자발성 여부를 다루는 분야입니다.

열역학은 산업혁명 기간에 증기 기관에서 일어나는 일과 열에 대한 연구에서 시작되었습니다. 열역학은 산업혁명의 산물이죠. 오늘날에는 화학과 생명과학뿐만 아니라 여러 분야에서 열역학이 다루어지고 있습니다.

에너지 변화는 어떻게 다룰까?

에너지는 형태와 질량이 없고 보이지도 않습니다. 따라서 다루기 쉽지 않습니다. 에너지 변화를 이해하려면, 명확히 정의된 부분에 집중해야 합니다. 즉, 관측 대상과 그 주변을 구분해서 탐구해야 하죠. 에너지 관측이나 연구를 위해 선택한 대상(부분)을 계system라고 합니다. 선택한 계를 제외한 다른 모든 부분은 주위(환경)surroundings라고 합니다.

예를 들어, 실험실에서 반응 플라스크에서 일어나는 반응의 에너지 변화를 관찰한다고 해봅시다. 여기서 플라스크 속의 반응물과 생성물, 그리고 용매가 계이고, 플라스크 외부는 주위에 해당합니다.

계는 열린계open system, 닫힌계closed system 그리고 고립계isolated system 등 3가지 유형이 있습니다. 열린계에서는 물질과 에너지가 주위로 교환됩니다. 이런 계에서는 물질과 에너지가 주위와 상호 교환이 가능합니다. 예를 들어, 물이 든 비커를 뚜껑없이 가열기에서 가열하면, 가

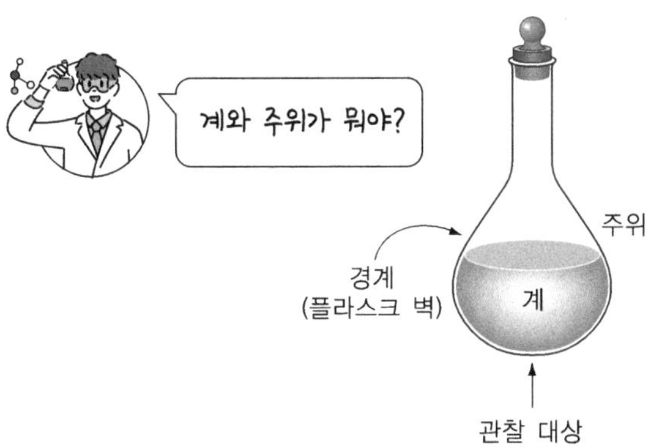

열기의 열이 비커 속으로 전달되고, 물은 수증기로 변해 주위로 날아가죠. 이 경우에는 에너지와 물질이 계와 주변으로 상호 교환이 일어났습니다. 이런 계가 열린계입니다. 사람의 몸도 열린계의 한 예입니다.

닫힌계는 에너지는 상호 교환이 일어나지만, 물질은 교환되지 않는 계입니다. 따라서 닫힌계에서는 무슨 변화가 일어나든 상관없이 계의 질량은 일정합니다. 예를 들어, 전구는 에너지만 방출하는 닫힌계입니다. 전구의 에너지는 열과 빛으로 방출됩니다.

마지막 세 번째 계는 고립계입니다. 고립계에서는 물질이나 에너지가 상호 교환되지 않습니다. 에너지는 생성되거나 소멸되지 않죠. 따라서 고립계에서는 어떤 변화가 일어나든 상관없이 에너지는 항상 일정합니다. 고립계의 예로 우리가 사용하는 보온병을 들 수 있습니다. 마개가 막힌 보온병에서는 외부로 물질과 에너지의 교환이 일어나지 않습니다.

비커는 물질과
에너지가 모두
이동하는 열린계이다.

백열등은
에너지(빛, 열)만
이동하는 닫힌계이다.

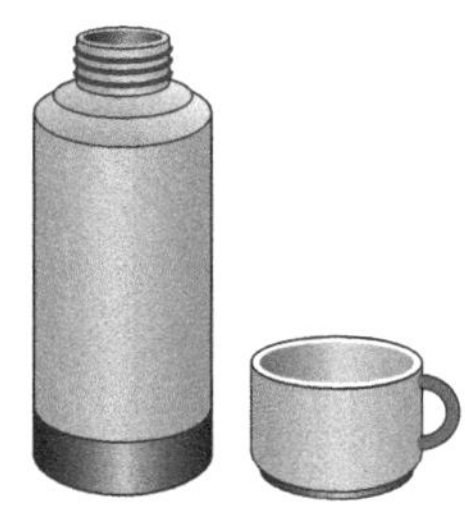

보온병은
물질과 에너지가 모두
이동하지 못하는 고립계이다.

차가운 물체는 자발적으로 뜨거워지지 않는다

열역학에서 자주 언급되는 용어가 자발적, 비자발적, 가역적 및 비가역적이란 용어입니다. 이런 용어들은 무엇을 의미할까요?

자발적 과정spontaneous process은 외부의 어떤 도움도 없이 스스로 일어날 수 있는 과정입니다. 자발적 과정은 한쪽 방향으로만 일어납니다. 이런 자발적 과정의 반대 과정을 비자발적 과정nonspontaneous process이라고 합니다.

예를 들어, 언덕에서 공을 굴리면 스스로 굴러 내려오지요. 이것은 자발적 과정입니다. 그러나 밑에 있는 공이 스스로 거슬러 올라가 본래 위치로 갈 수 없습니다. 이 과정은 비자발적 과정입니다.

여기서 말하는 과정의 자발성은 속도와는 다른 것이므로 혼돈하지 말아야 합니다. 열역학을 통해 반응의 방향이나 가능성에 대해서는 알 수 있지만, 반응 속도는 알 수 없습니다.

한편 비자발적이라는 말이 '불가능하다'는 것을 의미하지는 않습니

다. 비자발적 반응이라도 외부로부터 어떤 에너지가 가해지면 반응은 일어날 수 있습니다. 반응의 자발성을 이해하기 위해서는 가역적 경로와 비가역적 경로에 대한 이해가 필요합니다.

가역 과정reversible process은 '반응 조건에 아무런 변화 없이도 계를 처음 상태로 되돌릴 수 있는 과정'을 말합니다. 반대로 비가역 과정irreversible은 '반응을 처음 상태로 되돌리기 위해서는 반응 조건에 어떤 변화가 필요한 과정'입니다.

공기가 든 풍선을 예로 들어 보죠. 공기가 든 풍선에 벽돌을 올려놓으면 풍선의 모양이 변합니다. 그러나 벽돌을 치우면 처음 모양으로 되돌아갑니다. 이런 과정이 가역 과정입니다. 그러나 풍선의 공기를 뺀 후에는 풍선이 저절로 처음 모양으로 다시 돌아가지 않습니다. 공기를 넣어야만 가능하죠. 이런 과정을 비가역 과정이라고 합니다.

화학 반응에서 가역 과정과 비가역 반응의 예를 찾아볼까요?

메테인methnae(CH_4)의 연소 반응은 비가역 반응입니다. 메테인을 연

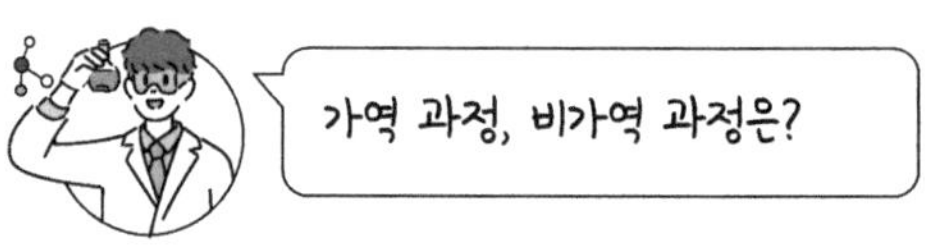

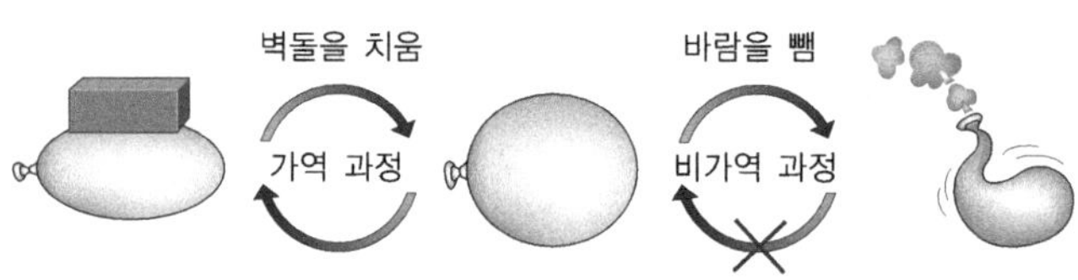

$$RCOOH + R'OH \underset{H^+}{\overset{H^+}{\rightleftharpoons}} RCOOR' + H_2O$$ (가역 반응)

$$CH_4(g) + 2O_2(g) \rightarrow CO_2(g) + 2H_2O(g)$$ (비가역 반응)

소시키면 많은 열을 발생하면서 이산화 탄소carbon dioxide(CO_2)와 물(H_2O) 분자를 생성합니다. 이 반응은 반대로 진행되어 다시 출발 물질인 메테인을 생성하지는 못합니다.

가역 반응의 예로는 카복실산carboxylic acid의 산 촉매 에스터화esterification를 들 수 있습니다. 카복실산(RCOOH)과 알코올(R'OH)을 산 촉매(H^+)하에서 반응시키면 생성물로 에스터ester(RCOOR')가 생성되고, 이 에스터가 다시 분해되어 출발 물질이 되기도 합니다. 생성물의 생성과 분해 속도가 같아지면, 반응은 평형 상태로 있게 되죠. 평형 과정은 길이가 동일한 화살표($\rightleftharpoons$)로 나타냅니다.

엔탈피와 엔트로피란?

열역학에서는 엔탈피enthalpy와 더불어 엔트로피entropy라는 개념이 자주 쓰입니다. 엔탈피와 엔트로피란 무엇일까요?

간단히 말하면, 엔탈피(H)는 '어떤 계의 열 함유량'이고, 엔트로피(S)는 '계의 무질서의 척도'입니다. 조금 더 자세히 살펴보죠.

엔탈피는 '일정한 압력 조건에서 측정된 계의 열 함유량'입니다. 즉 계의 내부 에너지와 압력과 부피로부터 야기되는 에너지의 합입니다. 따라서 압력이 일정할 때, 열의 변화는 곧 엔탈피의 변화와 같습니다.

반응 중에 흡열이 일어났다면, 반응 계가 주위에서 열을 흡수한 것입니다. 이때 반응의 엔탈피 변화량(ΔH)은 양(+)의 값이 됩니다. 이런 반응을 흡열 반응endothermic reaction이라고 하죠. 반대로 반응이 일어나면서 반응 계에서 주위로 열을 방출할 수도 있습니다. 이때 엔탈피 변화량(ΔH)은 음의 값(−)이 됩니다. 이런 반응은 발열 반응 exothermic reaction이라고 합니다.

반응에서 엔탈피 변화량은 어떻게 측정할까요?

반응 엔탈피 변화량은 열량계로 측정할 수 있습니다. 반응 엔탈피는 반응물과 생성물의 양과 농도, 그리고 반응 온도와 압력에 영향을 받습니다.

앞에서 엔탈피는 열과 관련되어 있음을 이야기했습니다. 또 다른 열역학적 함수인 엔트로피(S)는 엔탈피와 어떻게 다른지 생각해봅시다. 역사적으로 보면, 엔트로피는 열역학 제1법칙(에너지 보존의 법칙, 이에 대해서는 뒤에서 더 설명할 것입니다.)만으로는 자연 현상을 충분히 설명할 수 없어 등장한 개념입니다. 에너지 보존의 법칙만으로 본다면, 모든 에너지는 서로 쉽게 변환될 수 있다고 생각할 수 있습니다. 그러나 그 당시에도 에너지의 변환에는 '어떤 자발적인 방향이 있다'는 것이 경험적으로 알려져 있었습니다.

에너지는 퍼지는 경향성을 가지고 있습니다. 따뜻한 차는 식으면서 찻잔에서 주위의 더 큰 공간으로 열(에너지)이 퍼지게 됩니다. 나중에

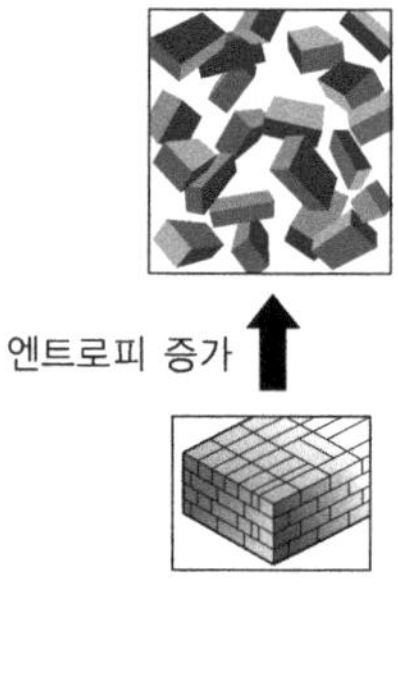

무질서의 척도!

S

엔트로피

계의 열함유량!

H

엔탈피

$H = U + pV$
U=내부에너지
P=압력
V=부피

는 차와 실내 온도가 같아지게 되죠. 찻잔 속에 모여있던 열이 주위로 퍼져 흩어지게 된 것 입니다. 이런 자연적인 경향에 의해 열(에너지)의 일부는, 일을 하는 데 사용할 수 없게 됩니다.

엔트로피는 '에너지가 퍼지거나 분산되어 일할 능력이 감소되는 경향성이 반영된 열역학적 양'입니다. 자발적으로 일어나는 과정(반응)은 확률이 낮은 상태에서 확률이 높은 상태로 진행하려는 경향성을 가지고 있습니다. 이러한 가능성을 통계적인 확률로 나타내는 것이 엔트로피라고 할 수 있습니다. 이런 방향성을 설명하기 위해 클라우지우스(Rudolf Clausius, 1822~1888)가 엔트로피의 개념을 제안하였습니다.

일반적으로 표현하면, 엔트로피는 '에너지를 담고 있는 입자들의 무작위나 무질서의 정도를 나타내는 함수'입니다. 즉, 에너지가 퍼지거나 분산되는 경향을 반영하는 양이죠. 엔트로피는 열역학적 계의 무질서도를 나타내는 척도이며, 또한 엔트로피는 계의 반응(혹은 과정)의 자발성을 예측하는 열역학적 함수이기도 합니다.

오늘날 엔트로피는 열역학적 계에 대한 무질서의 척도라고 인식되고 있습니다. 물질과 반응에 관련된 엔트로피를 예측할 수 있다면, 물질과 반응의 이해에 도움이 될 겁니다.

일반적으로 고체보다 액체의 엔트로피가 더 크고, 액체보다 기체의 엔트로피가 항상 더 큽니다. 즉, 얼음이 액체가 되면 엔트로피가 증가합니다. 액체인 물이 기체가 되면 또한 엔트로피가 증가합니다. 계에 있는 분자들의 무질서도가 더 증가하기 때문이죠.

반응의 엔트로피도 예상할 수 있습니다. 반응물의 수보다 생성물의 수가 증가하는 반응에서는 엔트로피가 증가할 것으로 예상할 수 있습니다. 반대로 반응물의 수보다 생성물의 수가 적으면, 엔트로피는 감소할 것으로 예상할 수 있습니다.

화학자들은 표준 상태standard states(1기압, 25℃)에서 측정한 반응물의 표준 생성 엔탈피standard enthalpy of formation(ΔH_f^o)를 이용해서 표준 반응 엔탈피standard enthalpy of reaction를 얻습니다. 대부분의 물질에 대한 표준 생성 엔탈피 값(ΔH_f^o)은 알려져 있습니다.

열역학에서 상태 함수state function라는 용어도 자주 사용됩니다. 상태 함수는 어떻게 정의될까요?

상태 함수란 계가 어떤 상황에 처해있는지를 묘사하는 함수입니다. 물질의 초기 상태와 마지막 상태가 정해지면, 상태 함수의 변화는 두 상태 사이의 경로와는 무관합니다. 상태 함수는 계의 주어진 상태에만 의존하고, 그 상태에 도달하기까지 거쳐온 경로와는 무관한 물리량입니다.

예를 들어, 주차 타워의 2층에 있는 차와 1층에 있는 차의 상태는

표준 상태, 상태 함수, 표준 생성 엔탈피가 뭐지?

- **표준 상태란?**
  1기압, 25℃ 조건
- **상태 함수란?**
  계가 처한 상황을 묘사하는 함수
- **표준 생성 엔탈피란?**
  1몰의 생성물이 표준 상태에서 생성될 때의 엔탈피 변화량

단지 높이만이 다르죠. 이 높이가 차의 상태를 결정합니다. 즉, 높이가 상태 함수인 셈이죠. 그러나 1층과 2층간의 거리는 경로 함수입니다. 계의 상태를 결정하는 함수에는 온도, 압력, 부피, 질량 및 조성 등이 있습니다.

에너지는 보존된다

에너지는 운동 에너지와 퍼텐셜 에너지를 포함한 다양한 종류로 나타납니다. 에너지가 한 형태에서 다른 형태로의 전환이 수반되는 과정도 다양하죠. 앞에서 언급한 것처럼 에너지는 자연과 물질의 변환의 원동력이므로 이 변환의 과정을 이해하는 것은 중요합니다.

천연 가스를 연소시켜 난방을 하는 경우를 생각해봅시다. 이 과정에서는 화학 에너지가 열로 전환됩니다. 구체적으로 보면 결합 에너지가 열 에너지로 변환된 것입니다. 에너지가 한 형태에서 다른 형태로 전환된 것이죠. 그러나 이때 에너지가 창조되거나 소멸되지는 않습니다. 이 관찰의 결과가 열역학 제1법칙first law of thermodynamics으로 정리되었습니다.

열역학 제1법칙은 '에너지는 열이나 일로서 계와 주위 간에 전달될 수는 있지만, 창조되거나 소멸되지는 않는다'는 법칙입니다. 따라서 에너지 보존의 법칙low of conservation of energy이라고도 합니다.

물질의 반응에서 에너지 변환을 살펴보죠. 화학 반응이란 '기존의 결합이 분해되고, 새로운 결합이 형성되는 것'입니다. 이 반응 과정에서 분해되는 결합과 생성되는 결합 사이에는 에너지 차이가 납니다. 이들 두 결합의 에너지 차이가 곧 반응열로 나타납니다.

반응열은 결합 에너지로부터 오는 겁니다. 결합 엔탈피bond enthalpy는 '1몰의 특정 결합을 분해시켜 전기적으로 중성인 화학종을 만들 때의 엔탈피 변화량'으로 정의합니다.

화학 결합을 끊기 위해서는 에너지가 필요합니다. 결합이 형성될 때는 에너지를 방출합니다. 따라서 각각의 결합 에너지에 대한 정보로 해당 화학 반응의 전체 엔탈피 변화를 가늠할 수 있습니다. 이를 위해 화학자들은 열화학 반응식thermochemical equation•을 이용합니다.

열역학 제2법칙은 엔트로피 증가 법칙이다

열역학 제1법칙에 따르면, 어떤 과정에서도 에너지는 보존됩니다. 그렇다면 엔트로피는 어떨까요?

열역학 제2법칙second law of thermodynamics에 따르면 '우주계에서 자발적인 일이 발생할 때마다 우주의 전체 엔트로피는 증가한다'고 합니다. 여기서 언급하는 엔트로피의 증가는 계 하나만이 아닌, 우주의 전체 엔트로피에 대한 것임을 유념해야 합니다. 즉, 고립계(우주는 하

• 열화학 반응식: 균형 반응식에 표준 반응 엔탈피($\Delta H_r°$) 값을 나타낸 반응식.

나의 거대한 고립계이므로)의 엔트로피는 절대로 줄어들지 않는다는 법칙입니다. 그러나 고립계가 아닌 계에서는 인위적으로 엔트로피를 줄일 수 있죠.

예를 들어 볼까요? 여름철 방안에 설치된 에어컨을 가동시키면 방안의 공기 온도가 내려갑니다. 그렇게 되면 방안 공기의 엔트로피는 감소합니다. 그러나 이 경우에 방의 안과 밖을 모두 포함해서 고려하면 엔트로피는 증가합니다.

왜 그럴까요? 에어컨이 작동해서 방 밖으로 배출되는 열 에너지가 유발하는 엔트로피의 증가량이 방 안에서 줄어드는 엔트로피의 양보다 많기 때문입니다.

간단히 말하면 열역학 제2법칙은 '엔트로피 증가 법칙'입니다. 열역학 제2법칙을 $\Delta S > 0$으로 간단히 나타내기도 하죠. 여기서 ΔS가 엔트로피 변화량입니다.

엔트로피는 크기 성질extensive property입니다. 따라서 계의 엔트로피는 계의 크기에 비례합니다. 엔트로피 값은 일종의 계의 상태 특성이

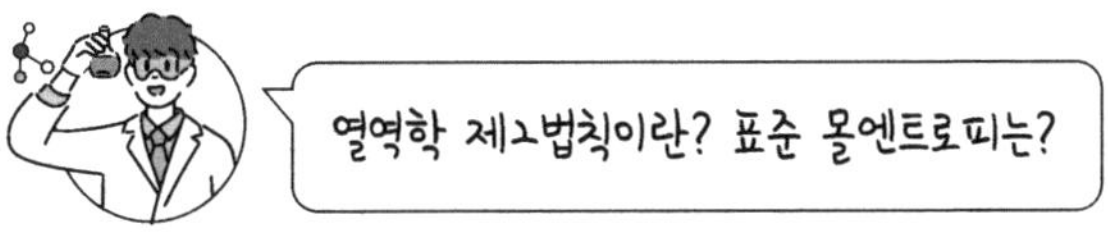

- 열역학 제2법칙 = 엔트로피 증가 법칙
- 표준 몰 엔트로피: 표준 상태에 있는 순순한 물질 1몰의 엔트로피
- 표준 몰 엔트로피의 경향:
  원소들의 표준 몰 엔트로피(298℃에서)는 0이 아니다.
  액체나 고체보다 기체의 엔트로피가 더 높다.
  분자량이나 화학식의 원자수가 증가하면 엔트로피가 따라서 증가한다.

기도 합니다. 계의 엔트로피 변화는 계의 초기 상태와 최종 상태에 의해서만 결정되며, 경로와는 무관합니다. 즉,

$$\Delta S = S_{최종} - S_{최초}.$$

일정한 온도(등온, T)에서 일어나는 가역 과정의 엔트로피 변화량은 해당 과정에서 전달된 열($q_{가역}$)을 과정이 일어날 때의 절대 온도로 나눈 값으로 정의됩니다.

$$\Delta S = q_{가역} \ / \ T \quad (T = 일정\ 온도)$$

엔트로피가 상태 함수이므로 가역 과정뿐만 아니라, 어떠한 등온(같은 온도) 과정에 대해서도, 이 식을 이용하여 엔트로피 변화량을 계산할 수 있습니다.

표준 상태에 있는 순수한 물질 1몰의 엔트로피를 표준 몰 엔트로피 standard molar entropy라고 합니다. 많은 물질들의 표준 몰 엔트로피가 이미 알려져 있습니다.

반응의 자발성을 알 수 있다

화학 반응의 진행 여부를 예측하는 것은 화학에서 매우 유용한 정보

입니다. 그렇다면 화학 반응이 자발적으로 일어날 것을 예측할 수 있을까요?

가능합니다. 이 정보는 깁스 자유 에너지(G)로부터 얻을 수 있습니다. 깁스 자유 에너지Gibbs free energy는 엔탈피(H)와 온도(절대 온도, T), 엔트로피(S)의 함수로 정의되는 상태 함수입니다.

이 용어에서 자유 에너지free energy란 어떤 의미일까요? 바로 어떤 자발적 반응에서 발생한 에너지 중에서, 유용한 형태의 일을 하는 데 자유롭게 쓰일 수 있는 에너지를 뜻합니다. 그 외의 나머지 에너지는 열로 방출됩니다.

자유 에너지 차이(ΔG)는 계만의 성질이므로, 주위를 고려할 필요는 없습니다. ΔG의 부호는 일정한 온도와 압력 조건에서 반응이 자발적으로 일어날 것인지를 예측하는 데 유용합니다.

이 예측은 어떻게 가능할까요?

열역학 제2법칙이 모든 변화의 자발성을 결정하기 때문에 가능합니다. ΔG가 '0보다 작으면($\Delta G < 0$)' 생성물 생성 반응(정반응)이 자

자유 에너지 차이($\Delta G°$)로 반응의 자발성을 알 수 있다.

- **자유 에너지:** 일을 하는 데 자유롭게 쓰일 수 있는 에너지
- **반응 자발성 지표**
  - $\Delta G° < 0$: 정반응 자발적
  - $\Delta G° > 0$: 역반응 자발적
  - $\Delta G° = 0$: 평형 상태

$G = H - TS$ 이고, $\Delta G = \Delta H - T\Delta S$이다.

발적으로 일어납니다. 그러나 ΔG가 '0보다 크면($\Delta G > 0$)' 생성물이 반응물로 되는 반응(역반응)이 자발적으로 일어납니다. 만일 ΔG가 '0($\Delta G = 0$)이면' 반응은 평형 상태로 있습니다.

화학에서는 표준 생성 자유 에너지standard free energy of formation($\Delta G_f°$) 값을 이용하여 표준 자유 에너지 변화를 얻습니다. 표준 생성 자유 에너지는 '어떤 물질이 표준 상태에 있는 원소들로부터 생성될 때의 자유 에너지 변화'를 말합니다.

핵이 반응하면 엄청난 에너지를 방출한다

핵 반응에서는 엄청난 양의 에너지가 방출됩니다. 핵 반응의 에너지가 전자 반응 에너지보다 훨씬 큰 이유는 무엇일까요?

이에 대한 답을 아인슈타인(Albert Einstein, 1879~1955)이 만든 질량과 에너지의 관계식, $E = mc^2$에서 찾을 수 있습니다. 즉, 에너지(E)는 질량(m)과 빛의 속도(c) 제곱에 비례합니다. 그래서 이식을 질량-에너지 등가 법칙mass-energy equivalence law이라고도 합니다.

질량 에너지 등가 법칙:

에너지 = 질량 × (빛의 속도)^2

비례 상수인 빛의 속도는 2.9979×10^8 m/s 로 매우 큰 수치입니다.

따라서 질량이 조금만 변화해도, 엄청난 양의 에너지 변화가 수반되는 거죠.

전자 반응(화학 반응)과 핵 반응에서의 질량 변화를 비교해보면 핵 반응의 에너지가 전자 반응의 에너지보다 훨씬 큰 이유를 알 수 있습니다. 화학 반응의 예로, 메테인(CH_4) 1몰의 연소 반응에서 질량의 변화는 -9.9×10^{-9} g입니다. 질량 변화가 너무 작아서 '화학 반응 중에는 질량이 보존된다'는 돌턴의 법칙이 성립된다고 할 수 있습니다.

핵 반응의 예로, 우라늄-238 1몰의 방사성 붕괴로 나타나는 질량 변화량은 무려 -0.0046g이나 됩니다. 메테인의 연소 반응에서 질량 변화량 보다 50,000배나 더 큽니다. 실제로 우라늄-238 1몰이 반응하여 방출하는 에너지는 선진국 1만 가정에 일 년 동안 전력을 공급할 수 있는 양입니다. 이것이 많은 나라들이 원자력 발전소를 짓는 이유이기도 합니다.

제7강

입자는 상호 작용한다

자연은 어떤 상태로 되어 있을까요?

자연은 기체, 액체, 고체 상태의 조합으로 이루어진 명품입니다. 우리가 사는 지구 표면의 70%는 액체인 물로 덮여 있습니다. 지표면은 고체입니다. 또 지표면 위는 기체인 공기가 감싸고 있습니다. 지구라는 행성은 이런 모습으로 절묘하게 안정화되어 있습니다.

우주의 모든 물질은 대부분 기체, 액체 및 고체의 세 가지 형태로 존재합니다. 흥미롭게도 자연에서는 일부를 제외하고는, 대부분의 물질은 이 세 가지 형태 중 하나로만 존재합니다. 그 상태가 자연에서 가장 안정하기 때문이죠.

어떤 주어진 조건에서 안정한 물질도 온도와 압력 등을 조절하면, 변화된 다른 조건에서 안정한 상태로 변화시킬 수 있습니다. 예를 들어, 실온에서 액체 상태로 있는 물의 온도를 0℃ 이하로 냉각시키면, 고체인 얼음으로 만들 수 있습니다.

특별한 조건에서만 특별한 상태로 관찰되는 물질도 있습니다. 플라스마plasma, 보스-아인슈타인 응축 상태Bose-Einstein condensation state 및 초임계 유체 상태supercritical fluid state 등이 그런 예입니다. 플라스마는 별의 내부에서 발견됩니다. 보스-아인슈타인 응축 상태는 절대 영도

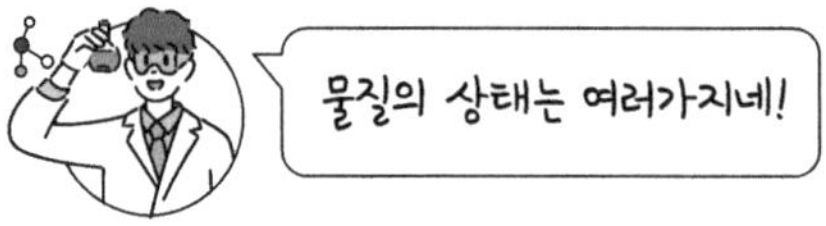

물질의 상태

영역의 극저온에서만 관찰되는 상태입니다.

보스–아인슈타인 응축은 원자들의 움직임이 극도로 제한되고 간격이 가까워지면 수많은 원자들이 마치 하나의 집단인 것처럼 움직인다는 이론입니다. 실제로 액체 헬륨을 2.176 K(Kelvin: 절대 온도 단위, 0 K = −273℃)까지 냉각시키면 보스–아인슈타인 응축 현상이 일어나서 액체 헬륨의 점성이 사라지게 됩니다. 초임계 유체 상태는 기체와 액체 성질을 동시에 나타냅니다. 과학자들은 이들의 특성과 응용에 관심을 가지고 있습니다.

물질은 왜 각기 다른 상태로 존재할까요? 대기압(1 atm)과 실온(25℃) 조건에서 산소와 질소는 기체로, 금과 철은 고체로, 물과 알코올은 액체로 존재합니다. 이처럼 같은 온도에서 원소의 종류에 따라 다른 상태로 존재하는 이유는 무엇일까요?

과학자들은 두 가지 이유를 듭니다. 첫째는 크기가 각기 다르고, 둘째는 이 물질들을 이루는 원자, 분자 및 이온들 사이에는 어떤 힘이 존재하기 때문이라고 생각합니다.

그렇다면 물질이 각기 다른 상태로 존재하게 하는 힘은 무엇일까요? 분자나 입자들은 그들 사이에서 서로 작용하는 몇 가지 힘이 있습니다. 이들 힘의 종류와 세기에 따라 물질의 상태가 달라지게 됩니다.

입자는 상호 작용한다

물질은 기체, 액체, 고체로 존재할 수 있습니다. 그 이유는 물질을 이루고 있는 '입자 간의 상호 작용하는 힘' 때문입니다. 물질을 이루는 입자는 원자, 분자 또는 이온이기도 합니다. 일반적으로 물질은 입자 간 상호 작용하는 힘이 크면 고체로, 작으면 기체로, 그 중간에서는 액체로 존재합니다.

그렇다면, 입자들의 상호 작용하는 힘의 세기를 어떻게 알 수 있을까요?

가장 쉽게는 물질의 녹는점melting point과 끓는점boiling point으로 입자 간 상호 작용하는 힘의 세기를 가늠할 수 있습니다. 녹는점과 끓는점은 입자 간 상호 작용력에 의존하기 때문입니다.

녹는점은 '고체 물질이 열을 흡수하여 액체 상태로 되는 온도'입니다. 고체 상태에서 입자 간의 잡혀 있는 힘이 강할수록 액체로 변하는 데 더 많은 열이 필요합니다. 따라서 녹는점은 올라갑니다. 끓는점은 '액체 물질이 기체 상태로 되는 온도'죠. 끓는점 역시 액체 분자 간의 작용력이 클수록 올라갑니다.

결국 녹는점과 끓는점의 크기를 결정하는 주된 요인은 입자 간에 작용하는 상호 인력인 셈이죠. 그럼 물질의 상태가 동일하다면 입자들의 상호 작용하는 힘도 같을까요?

그렇지 않습니다. 입자들의 상호 작용하는 힘의 세기는 구성 물질의 종류마다 다릅니다. 즉 입자 상호 간에 작용하는 힘의 종류에 따라 다른 거죠. 분자 간 상호 작용하는 힘의 종류에는 어떤 것들이 있을까요?

그 힘의 종류에는 분산력dispersion force, 쌍극자–쌍극자 상호 작용dipole–dipole interaction, 이온–쌍극자 상호 작용ion–dipole interaction 및 수소 결합hydrogen bond 등이 있습니다.

물질에 작용하고 있는 분자 간 힘은 물질의 조성과 구조를 고려하

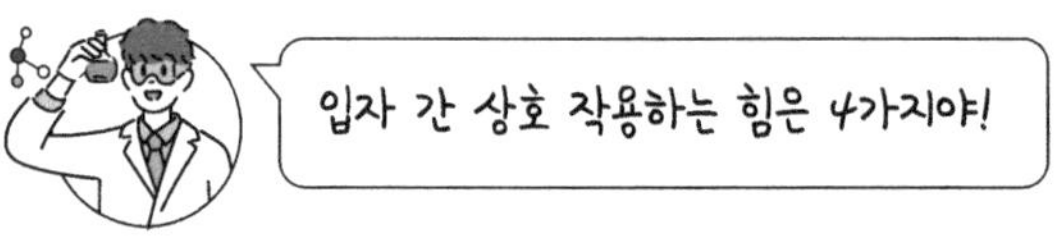

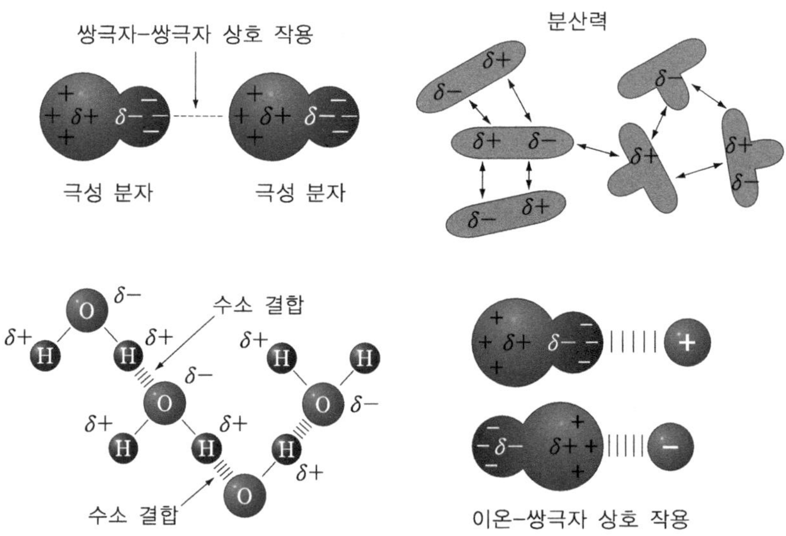

여 이해해야 합니다. 입자 간 상호 작용하는 이런 힘은 공유 결합이나 이온 결합보다는 약한 힘입니다.

극성이 없이도 상호 작용한다

극성이 없는 분자는 상호 작용력이 없을까요? 아니요, 이런 물질들도 작지만 상호 작용하는 힘이 있습니다.

극성이 없고 전기적으로 중성인 입자들 사이에는 정전기적 상호 작용이 전혀 없다고 생각할 수 있습니다. 그러나 극성이 없는 질소(N_2)나 아르곤(Ar) 같은 기체도 액체가 될 수 있습니다. 이들이 액체가 된다는 것은 이 분자들 사이에는 어떤 종류의 상호 인력이 존재한다는 것으로 생각할 수 있습니다. 그리고 이런 상호 작용이 실제로 일어납니다. 어떻게 가능할까요?

두 개의 질소 분자(N_2)가 서로 접근하는 과정을 상상해봅시다. 각 질소 분자는 핵의 양(+)전하와 그 주위를 둘러싼 음(−)전하를 띤 전자로 구성되어 있습니다. 두 분자가 접근하면 한 분자의 핵이 다른 분자의 전자와 상호 작용합니다. 이런 상호 작용이 일어나면, 전자 구름은 얼마간 변형될 겁니다. 그리고 두 분자의 전자 구름은 서로 반발하므로, 이 반발이 최소화되도록 전자 구름 분포가 변하게 되겠죠.

이런 전자 구름의 불균형이, 분자의 한쪽은 부분적으로 양전하(δ^+)를 띠게 하고, 다른 한쪽은 부분적으로 음전하(δ^-)를 띠게 합니다. 이

분산력은 무극성 분자의 순간 편극화에 따른 상호 작용 현상이다!

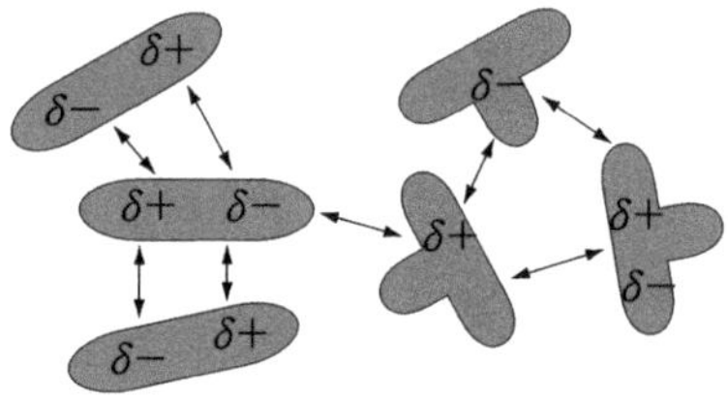

렇게 분자의 한 쪽은 부분 양전하를, 다른 쪽은 부분 음전하를 띠는 경우에 분자는 쌍극자가 되었다고 할 수 있습니다. 쌍극자 내에서 음전하와 양전하가 분리된 정도는 쌍극자 모멘트로 나타냅니다.

결과적으로는 극성이 없는 질소 분자들 사이에서 순간적으로 형성된 쌍극자들이 서로 상호 작용하게 됩니다. 즉, 순간 쌍극자의 작용력인 셈이죠. 이 힘을 분산력dispersion force이라고 합니다. 분산력은 분자의 부분 음전하(δ^-)를 띤 전자 구름과 이웃 분자의 부분 양전하(δ^+)를 띤 원자 사이에서 생기는 인력입니다.

분산력의 크기는 분자의 전자 구름이 얼마나 쉽게 변형될 수 있는가에 달려 있습니다. 이런 변형의 정도를 편극화polarizability라고 합니다. 편극화는 분자 주변의 전자 밀도가 쉽게 변형될 수 있는 정도를 나타냅니다. 모든 분자에는 각기 크기가 다른 분산력이 존재합니다.

예를 들어, 극성이 없는 분자인 할로젠 분자들의 끓는점을 생각해봅시다. 각 분자가 가지고 있는 전자의 수가 증가할수록 끓는점이 높아집니다. 전자 수가 증가하면 전자 구름의 크기가 커지면서 더 쉽게 변형됩니다. 그렇게 되면 분산력이 더 커지게 되고, 따라서 끓는점도

분산력은 크기, 모양, 전자 수의 영향을 받는다.

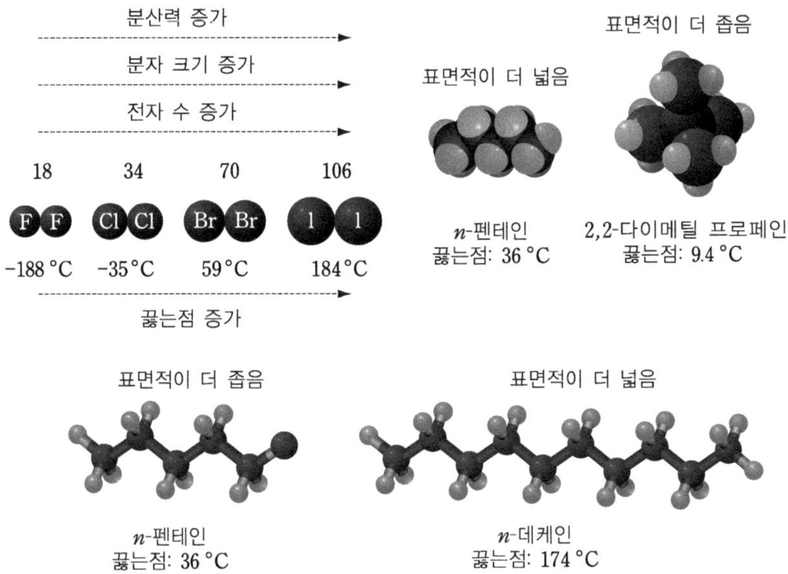

증가하는 것이죠.

분자의 크기나 모양도 분산력에 영향을 줍니다. 분산력은 분자가 클수록, 표면적이 넓을수록 증가합니다.

공유 결합도 극성이 있다

공유 결합 물질은 그 수만큼이나 다양한 성질을 갖습니다. 왜 그렇게 성질이 다양할까요?

이유는 공유 결합의 전자 밀도가 다르기 때문입니다. 공유 결합의 전자 밀도는 결합을 이루는 두 원자와 이웃한 원자들의 영향으로 차이가 납니다. 공유 결합을 이루는 전자가 두 원자에 동등하게 분포될 수도 있고, 어느 한쪽으로 더 치우칠 수도 있습니다. 이런 결합 전자의 치우침이 결합을 극성이 되도록 합니다. 이처럼 극성을 가지는 결합을 극성 공유 결합polar covalent bond이라고 하죠. 물론 이런 극성이 없는 결합도 있습니다. 이들은 비극성 공유 결합nonpolar covalent bond, 즉 순수한 공유 결합입니다.

결합의 극성은 두 원자에 공유된 결합 전자 구름이 균등하지 않기 때문에 발생합니다. 이 결합의 극성은 물질의 성질뿐만 아니라, 분자 모양에도 영향을 줍니다.

두 결합 원자의 전자 밀도가 같거나 유사하면 비극성 공유 결합입니다. 그러나 두 원자 간의 전자 밀도 분포 차이가 커지면, 두 원자 중 하나는 부분적으로 양전하(δ^+)를 띠게 되고, 다른 원자는 부분적으로 음전하(δ^-)를 띠는 극성 공유 결합이 됩니다.

그렇다면 어떤 경우에 결합 전자 밀도의 불균등이 일어날까요?

바로 결합 원자들의 전기음성도가 서로 다를 때입니다. 두 원자의 전기음성도가 동일하다면 공유 결합 전자가 균등하게 점유됩니다. 그러나 두 원자 중 한 원자의 전기음성도가 다른 한 원자보다 상대적으로 크면 공유하고 있는 전자의 구름은 불균등해집니다.

결합 전자 밀도는 전기음성도가 더 큰 원자 쪽으로 더 많이 이동합니다. 전자 밀도가 많아진 이 원자는 부분적으로 음전하를 띠게 됩니다. 그렇게 되면 다른 원자는 전자 밀도가 적어지게 되어 부분적으로 양전하를 띱니다. 이런 부분 전하를 δ^+와 δ^-로 표시합니다.•

전기음성도의 차이로 결합의 극성 크기를 가늠합니다. 이온 결합에서 두 원자의 전기음성도 차이는 2.0이 넘습니다. 만일 전기음성도 차이가 0보다 크고 2.0보다 작은 값이면, 극성 공유 결합에 해당합니다. 전기음성도 차이가 0일 때 비극성 공유 결합이 되는 것이죠.

극성 결합을 포함하고 있는 분자를 살펴봅시다. 극성 결합은 크기가 같은 음전하와 양전하 말단을 가지고 있습니다. 각 극성 결합마다 결합 쌍극자 모멘트를 가집니다.

극성 결합이 한 개 이상인 극성 분자에서의 쌍극자 모멘트는 어떨까요? 극성 결합이 하나 이상인 분자의 쌍극자 모멘트는 각 극성 결합의 쌍극자 모멘트를 모두 더한 값으로 나타냅니다. 극성 결합을 가지고 있는 분자가 실제로 나타내는 쌍극자 모멘트 값을 알짜 쌍극자 모멘트net dipole moment라고 합니다.

쌍극자 모멘트로 분자의 극성과 비극성을 알 수 있을까요?

알 수 있습니다. 쌍극자 모멘트를 계의 극성을 나타내는 척도로 쓸 수 있습니다. 어떤 물질이 알짜 쌍극자 모멘트를 가진다면, 그 물질은 극성 물질입니다.

예를 들어, 물(H_2O, 1.85 D)은 2개의 O–H 극성 결합을 가지고 있고, 분자가 굽은 모양이어서 알짜 쌍극자 모멘트를 가집니다. 즉, 두

• 'δ'라는 기호는 1과 0의 사이 값에 해당합니다. 즉, 극성 공유 결합에서 δ^+와 δ^-는 이온의 온전한 전하 값(1)보다는 작은 값입니다.

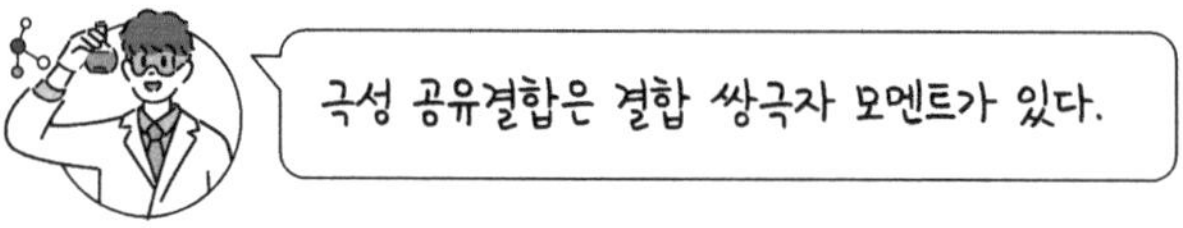

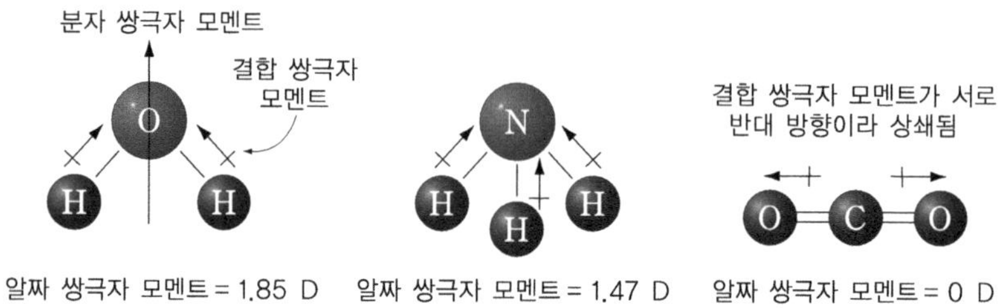

O–H 결합의 쌍극자 모멘트 백터의 합이 '0'이 아닙니다. 따라서 물은 극성 물질입니다. 피라미드 구조를 이루는 암모니아ammonia(NH_3)도 3개의 N–H 극성 결합을 가지며, 알짜 쌍극자 모멘트를 가지는 극성 분자입니다.

극성 결합을 가진 CO_2와 CCl_4가 비극성인 이유는 무엇일까요? 이 분자들은 극성 결합을 가지지만, 극성 결합들이 대칭적으로 배열되어 있어 쌍극자 모멘트가 서로 상쇄되기 때문입니다. 이처럼 극성 결합을 가지는 분자임에도 극성 분자가 되지 않을 수 있음을 유념해야 합니다.

쌍극자는 상호 작용을 한다

앞에서 물질의 끓는점 차이를 분산력으로 설명했습니다. 그러나 높은 온도에 있는 액체 물질의 경우에는 분산력만으로 끓는점 차이를 설명하기에는 부족합니다. 분산력 외에 분자 사이에 상호 작용하는 힘에는 쌍극자–쌍극자 상호 작용이 있으며, 이런 쌍극자–쌍극자 상호 작용은 한 분자 내의 쌍극자 모멘트에 의해 결정됩니다.

쌍극자 모멘트는 앞서 정의했듯이 쌍극자 내에서 음전하와 양전하가 분리된 정도입니다. 전기음성도가 다른 두 원자가 공유 결합을 하면 쌍극자 모멘트가 생깁니다. 즉, 극성 공유 결합에는 쌍극자 모멘트가 생깁니다. 결합 전자가 두 원자에 균등하게 분포되지 않기 때문이죠.

다원자 분자에서는 하나 이상의 극성 결합이 있을 수 있습니다. 이런 경우는 각 쌍극자 모멘트 값을 합한 값이 분자의 알짜 쌍극자 모멘트net dipole moment가 됩니다.

크기와 분자량이 비슷한 아세톤과 2–메틸프로페인을 예로 들어 보죠. 2–메틸프로페인[$(CH_3)_3CH$]은 극성 결합이 없고, 아세톤[$(CH_3)_2C^{\delta+}=O^{\delta-}$]은 C=O라는 극성 결합이 있습니다. C=O 결합에서 상대적으로 전기음성도가 큰 산소는 부분적으로 음전하를 띱니다. 반대로 탄소는 부분적으로 양전하를 띠죠. 즉 $C^{\delta+}=O^{\delta-}$ 형태이죠. 따라서 이 두 원자 사

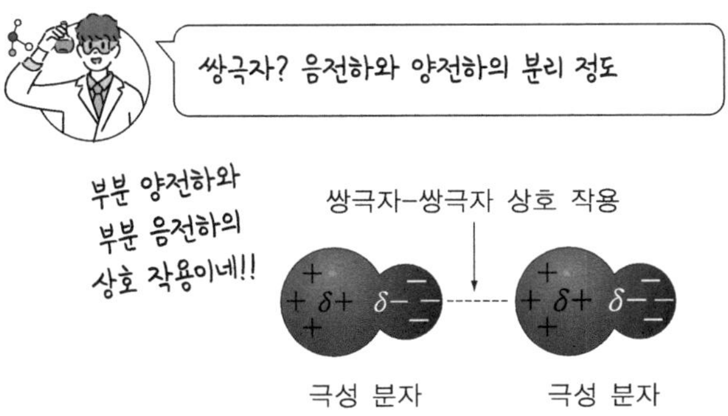

이에 $\overset{\delta+}{C}=\overset{\delta-}{O}$ 형태의 쌍극자가 생깁니다.

아세톤 두 분자가 가까이 있으면 부분적으로 음전하(δ^-)를 띠는 산소와 다른 아세톤 분자의 부분적으로 양전하(δ^+)를 띠는 탄소 사이에 인력이 작용하게 됩니다. 이런 인력을 쌍극자–쌍극자 상호 작용 dipole–dipole interaction이라고 합니다. 즉, 쌍극자–쌍극자 상호 작용은 한 분자의 부분 음전하와 다른 분자의 부분 양전하 사이에서 일어나는 분자 간 상호 작용입니다.

액체 아세톤에서는 이런 상호 작용이 전체적으로 이루어집니다. 아세톤 분자들은 이런 힘에 잡혀서 액체를 이룹니다. 아세톤 분자가 액체에서 기체가 되려면, 분자들 간의 쌍극자–쌍극자 상호 작용을 극복해야 합니다. 따라서 이런 상호 작용이 없는 2–메틸프로페인(끓는점 –11.7℃)보다 아세톤(끓는점 56℃)의 끓는점이 더 높습니다.

결론적으로 대략 유사한 질량과 크기를 가진 분자들에서는 분자의 극성이 증가하면, 따라서 상호 작용도 증가하고, 끓는점도 또한 증가합니다.

그러면 이온과 극성 물질도 상호 작용을 할까요?

이 두 화학종도 상호 작용할 수 있습니다. 이온은 전하를 가지므로 쌍극자의 반대 전하와 상호 작용을 할 수 있습니다. 양이온(+)은 극성 분자 쌍극자의 부분 음전하(δ^-)와 상호 작용합니다. 또 음이온(–)은 극성 분자 쌍극자의 부분 양전하(δ^+)와 상호 작용합니다. 이 현상을 이온–쌍극자 상호 작용ion–dipole interaction이라고 합니다.

엄밀히 말하면 이 작용은 동일한 화학종들의 상호 작용은 아닙니다. 그러나 소금물같이 극성 액체 속에 이온 물질이 녹아 있는 용액

이온–쌍극자 상호 작용? 음전하 또는 양전하와 쌍극자 사이의 작용!

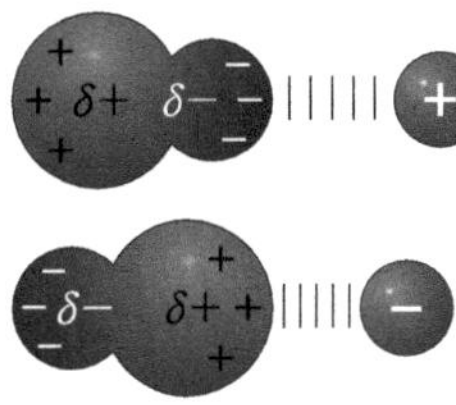

이온–쌍극자 상호 작용

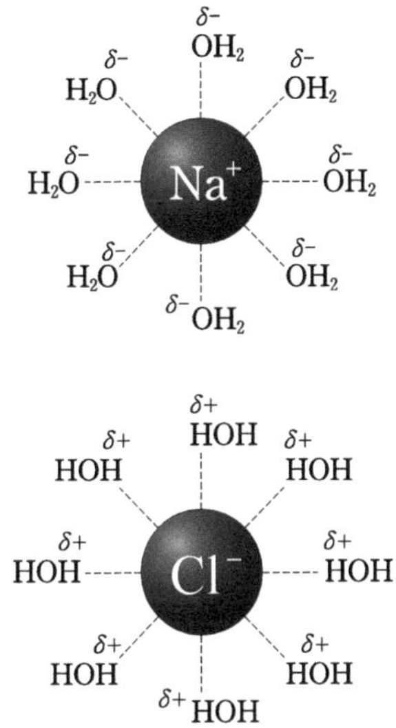

이온–쌍극자 상호 작용과 소금의 수화

에서는 매우 중요합니다. 소금이 물에 녹으면 소듐 양이온(Na^+)은 물 분자의 산소($H_2O^{\delta-}$)와 상호 작용하여 안정화됩니다. 또 염소 음이온(Cl^-)은 물 분자의 수소($OH_2^{\delta+}$)와 상호 작용하여 안정화되죠. 이런 상호 작용으로 인해 소금은 물에 잘 녹을 수 있습니다. 이처럼 이온 화합물이 물에 녹아 안정화되는 현상을 수화hydration라고 합니다.

수소 결합도 분자 간 작용하는 힘이다

수소 결합은 어떤 결합일까요?

수소 결합은 화합물을 이루는 데 이용되는 결합은 아닙니다. 수소 결합은 전기음성도가 큰 질소(N)나 산소(O), 플루오린(F) 같은 할로젠을 포함하는 화합물에서 발견됩니다.

수소 결합은 어떻게 가능할까요?

O−H, N−H, F−H 결합들이 포함된 분자들을 생각해 보죠. 질소, 산소 및 플루오린은 전기음성도가 큰 원소들입니다. 이 원소들과 전기음성도가 가장 작은 수소가 결합하여 생성된 결합들은 극성이 매우 큽니다. 이런 극성 차이 때문에 수소 원자는 강한 부분 양전하(δ^+)를 띠고, 질소, 산소 및 플루오린은 강한 부분 음전하(δ^-)를 띠는 극성 결합이 됩니다. 즉 $O^{\delta-}-H^{\delta+}$, $N^{\delta-}-H^{\delta+}$, $F^{\delta-}-H^{\delta+}$ 등의 극성 결합

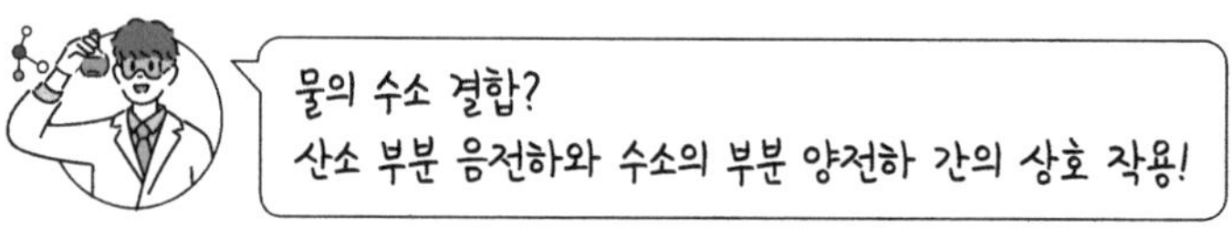

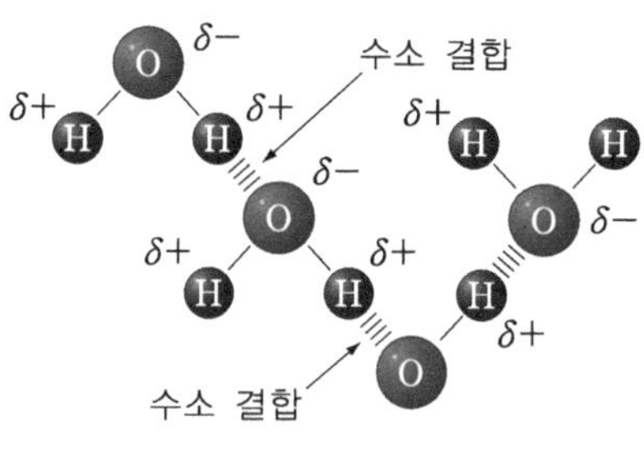

들이 되는 거죠. 이런 쌍극자들이 상호 작용하여 수소 결합을 이루게 됩니다. 수소 결합은 수소 원자가 포함된 쌍극자-쌍극자 상호 작용인 셈입니다.

수소 결합은 생물학적으로나 다른 화학 분야에서 매우 중요합니다. 예를 들어, 수소 결합은 단백질의 삼차원 구조를 안정화시키는 데 도움을 줍니다. 또 DNA의 이중 나선 구조를 형성하는 주요 수단이기도 합니다. 이 나선 구조는 유전적 기능에 매우 중요합니다. 유전 정보의 저장, 전달 및 단백질 합성에 수소 결합이 이용됩니다. 수소 결합도 일종의 화학적 언어인 셈입니다.

제8강

상태가 다르면 특성도 다르다

물은 색깔이 없고 독특한 맛도 없습니다. 그러나 물은 마력의 물질입니다. 생명체는 물 없이는 생존할 수 없습니다. 우리 주변에 존재하는 물은 상태에 따라 각기 독특한 성질을 갖습니다. 주위에 있는 물은 대부분 액체 상태이지만 온도가 낮아지면 고체인 얼음이 되고, 온도가 높아지면 기체인 수증기가 됩니다.

성분이 같은 물이지만 고체인가, 액체인가, 아니면 기체인가에 따라 다른 특성을 보입니다. 온도에 따라 달라지는 물의 상태에 의해 특성 또한 달라지는 것입니다. 자연에 존재하는 다른 물질들 역시 그들의 상태에 따라 특성이 변합니다. 따라서 과학자들은 물질이 주어진 조건에서 어떤 상태이며, 또한 어떤 특성을 보이는가에 관심을 가집니다.

수소 결합이
물의 상태와 성질을 독특하게 한다

지구상에 있는 물은 지역과 계절에 따라 액체, 고체 또는 기체로 존재합니다. 액체 상태를 흔히 '물'이라고 하며, 고체는 '얼음', 기체는 '수증기'라고 부르죠.

물은 넓은 온도 범위(0~100℃)에서 액체로 존재합니다. 그래서 액체 상태의 물은 지구상의 생명체에는 없어서는 안 될 중요한 물질입니다. 물이 얼어서 고체가 되면, 부피는 대략 9% 정도 증가하고, 따라서 밀도density는 낮아집니다.

여기서 밀도는 단위 부피당 질량을 의미하는데, 물질이 조밀한 정도를 나타냅니다. 밀도가 낮은 물질은 밀도가 높은 물질보다 위에 위치하려고 합니다. 따라서 밀도가 더 낮은 얼음이 물 위에 떠 있게 됩니

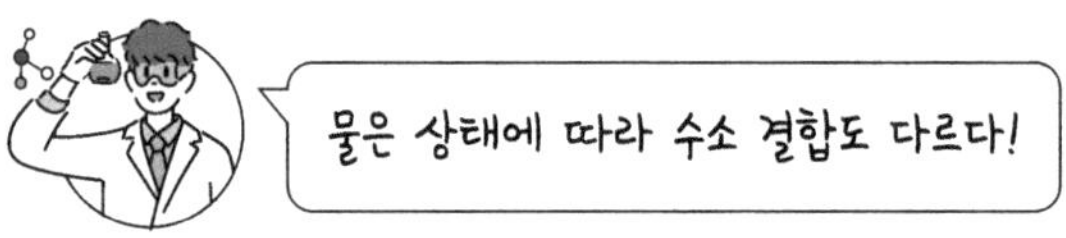

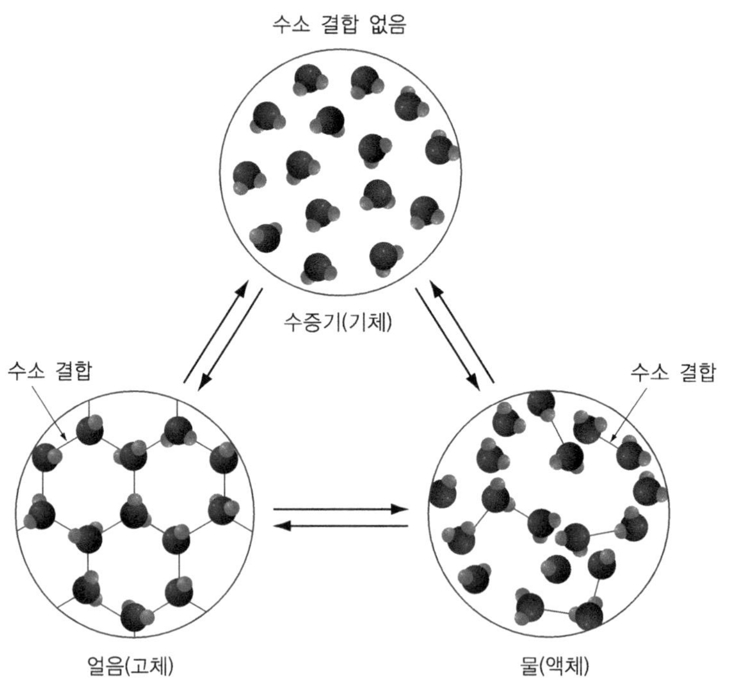

다. 얼음에 덮여 있는 물은 영상의 온도를 유지하게 되죠. 이런 결과로 추운 겨울에 얼어붙은 호수속의 생명체가 그 아래의 물에서 살아갈 수 있습니다.

대부분 물질의 밀도는 액체보다 고체에서 더 높습니다. 그런데 왜 물은 액체에서 고체가 되면 부피가 증가하여 밀도가 감소할까요?

여기에는 물 분자만의 비밀이 숨어 있습니다. 이 비밀은 물 분자들이 상호 작용하는 힘 때문입니다. 물 분자는 $O^{\delta-}-H^{\delta+}$라는 강한 극성 결합을 가지고 있습니다. 따라서 물 분자들은 이 극성 결합들로 인해 수소 결합을 합니다. 수소 결합은 일반적인 공유 결합보다는 약하지만 비교적 센 분자 간 상호 작용력입니다.

물은 상태마다 수소 결합 방식이 다릅니다. 기체는 수소 결합을 하지 못합니다. 분자 간 거리가 너무 멀리 떨어져 있기 때문입니다. 액체인 물은 수소 결합을 하지만 불규칙하죠. 그러나 얼음에서는 매우 규칙적인 형태의 수소 결합을 합니다.

물이 얼음이 될 때는 물 분자 세 개가 함께 수소 결합을 형성합니다. 그 결과로 육각형의 빈 공간이 생기죠. 이 공간 때문에 얼음은 액체 상태의 물보다 조밀하지 못한 구조를 이룹니다. 그래서 얼음의 밀도가 더 낮아지고, 얼음이 물 위에 떠 있게 되죠. 또 물이 끓어서 기체인 수증기가 되면 부피가 크게 증가합니다. 이런 부피 증가로 증기 엔진도 움직일 수 있습니다.

물은 그 상태에 따라 특별한 기능을 발휘하며, 물의 이런 기능이 자연을 자연스럽게 하죠. 결국 이런 물의 마력은 분자들 사이에서 작용하는 수소 결합에 의존하는 셈입니다.

날씨는 기체의 움직임에 의존한다

날씨는 우리의 일상 생활에서 중요합니다. 날씨는 기체의 거동과 밀접한 관련이 있습니다. 대기에 있는 성분들은 모두 기체로 존재합니다. 대기 성분인 질소나 산소 등도 기체로 존재합니다. 공기는 바람에 의해 이동하죠.

바람이 없다면 대기질은 어떻게 될까요?

오염된 공기로 덮혀 있는 지역에서는 사람이 살지 못할 겁니다.

바람은 왜 생길까요?

바람은 대기 중에 있는 기체들이 햇빛에 의해 가열되면서 생기는 기압 차이 때문에 일어납니다. 지구의 대기는 기체 혼합물입니다. 이

구름의 위성 사진

들 기체 혼합물 사이에서는 햇빛 에너지를 이용한 다양한 종류의 화학 반응이 일어납니다. 놀랍게도 이런 화학 반응은 균형이 잘 잡혀 있습니다. 그래서 지구상의 생명체가 살아갈 수 있게 해줍니다.

기체는 자발적으로 팽창하여 주어진 용기를 가득 채웁니다. 기체는 쉽게 압축될 수도 있습니다. 뿐만 아니라 여러 기체들은 성분이나 상대적인 비율에 상관 없이 균일하게 섞인 혼합물을 만들기도 합니다. 또 기체 물질의 부피는 온도나 압력 또는 두 가지 모두에 의해 변합니다.

이런 사실들이 기체에 대한 연구를 복잡하게 할 것 같이 생각됩니다. 그러나 실제로는 기체의 부피가 압력과 온도에 의존하는 방식이 모든 기체에 대해 같습니다. 따라서 이들 사이의 관계를 간단한 수학식으로 쉽게 나타낼 수 있죠.

어떻게 그것이 가능할까요?

기체 분자는 서로 멀리 떨어져 있고, 또한 상호 작용하는 힘이 거의 없기 때문입니다. 화학의 태동기에 서양 과학자들은 기체 발생 방법, 혼합 기체의 반응, 기체의 온도, 압력 및 부피 간의 상관성 등을 다양하게 연구했습니다. 그 결과 이상 기체 방정식ideal gas equation이라는 간단한 기체 식이 얻어졌습니다. 이 식은 오늘날 많은 화학분야에서 폭 넓게 활용됩니다.

기체의 거동을 기체 방정식으로 나타낸다

기체가 차지하는 부피는 온도와 압력과 기체의 양에 따라 변합니다. 기체의 부피, 온도, 압력, 기체의 양의 네 가지 변수에 따른 기체의 거동을 식으로 나타낸 것을 기체 법칙law of gas이라고 합니다.

보일(Robert Boyle, 1627~1691)은 '일정한 온도 조건에서 정해진 양의 기체 부피는 압력에 반비례한다'는 것을 밝혔습니다. 이를 보일의 법칙Boyle's law이라고 합니다. 샤를(Jacques Alexandre César Charles, 1746~1823)은 '압력과 양이 일정한 경우에, 기체 부피는 온도에 비례한다'는 것을 알아냈습니다. 이를 샤를의 법칙Charles' law이라고 합니다. 한편 아보가드로(Amedeo Avogadro, 1776~1856)는 '압력과 온도가 일정하다면, 기체의 부피와 양은 비례한다'고 제안했습니다. 이것을 아보가드로 법칙Avogadro's law이라고 합니다.

위의 세 가지 기체 법칙을 종합해서 정리하면 다음과 같이 말할 수 있습니다: '기체의 부피(V)는 온도(T)와 양(n, 몰)에 비례하고, 압력(P)에는 반비례 한다.' 이를 비례식으로 쓰면 '(압력)(부피) $\propto$ (양)(온도)'가 되죠.

이 비례식을 등식으로 만들려면 우변에 상수를 곱해주면 됩니다. 이 상수를 기체 상수gas constant라고 하며 기호로는 R로 씁니다. 기체 상수를 도입하여 쓴 등식이 이상 기체 방정식이 됩니다. 즉, 이상 기체 방정식은 '(압력)(부피) = (기체 상수)(양)(온도)'입니다. 기체 상수(R)은 압력, 부피, 온도, 양의 단위에 따라 여러 가지 단위를 가집니다.

이상 기체란? 부피 및 상호 작용 힘이 없는 가상의 기체다!

$$\left.\begin{array}{ll} P \propto \frac{1}{V} & \text{보일 법칙} \\ V \propto T & \text{샤를 법칙} \\ V \propto n & \text{아보가드로 법칙} \end{array}\right) PV = nRT$$

P = 입력
V = 부피
T = 온도
n = 몰수
R = 기체상수

이상 기체 방정식

왜 '이상 기체' 방정식이라고 할까요?

이상 기체ideal gas는 실제 기체가 아니라, 분자의 부피 및 분자들 간의 상호 작용하는 힘이 무시할 만큼 작다고 가정한 기체입니다. 다르게 말하면 이상 기체는 '압력, 부피, 온도 사이의 관계가 이상 기체 식으로 완벽하게 기술되는 가상의 기체'입니다.

이상 기체 방정식은 '이상 기체가 어떻게 거동하는가'를 나타내는 식입니다. 이 식을 이용하면 다양한 상황에 존재하는 대부분의 기체의 성질을 잘 설명할 수 있습니다. 이상 기체 식은 기체의 몰 질량, 밀도 및 혼합 기체의 부분 압력 등을 계산하는 데 이용합니다. 뿐만 아니라 물질이나 반응을 화학량론적으로 다루는 데도 유용합니다.

실제 기체는 항상 이상적인 거동을 보이지는 않습니다. 다만 이상적인 거동과 비교하여 그 차이가 매우 작아서 정교한 연구를 제외하고는 그 차이를 무시하는 거죠.

이상 기체 방정식으로 실제 기체의 거동을 정확하게 설명할 수는 없습니다. 오늘날 화학자들은 기체의 구체적인 거동을 분자 운동론kinetic theory of molecule으로 설명합니다. 분자 운동론은 압력이나 온도 같은 조건이 변할 때 기체 분자에서 어떤 일이 일어 나는가를 설명할 수 있는 분자 수준의 이론(모형)입니다.

가벼운 기체가 더 빨리 확산된다

기체는 고체나 액체와는 다른 특성이 있습니다. 기체는 고체나 액체보다 밀도가 낮고, 일정한 모양과 부피를 가지지 않습니다. 용기 밖으로 쉽게 분출되기도 하고, 용기 안에서 확산하여 용기 속을 균일하게 가득 채우기도 합니다. 분출effusion은 기체 분자가 용기의 작은 구멍을 통하여 확산되는 현상입니다. 확산diffusion은 한 종류의 기체가 다른 공간이나 또는 다른 기체 속으로 퍼져 나가는 현상입니다. 기체의 분출과 확산은 기체의 무게(몰 질량)와 관련이 있습니다.

예를 들어 볼까요? 헬륨(He)을 채운 풍선은 공기를 채운 풍선보다 더 빨리 쭈그러집니다. 헬륨은 공기 속의 질소(N_2)나 산소(O_2)보다 더 가벼워 더 빠르게 분출하기 때문입니다.

확산 현상도 무거운 분자보다 가벼운 분자에서 더 빠르게 일어납니다. 그러나 확산은 분자들 사이의 충돌도 고려해야 합니다. 그럼에도 불구하고 확산 속도와 몰 질량 사이의 관계는 분출과 유사합니다. 작은 분자의 확산 속도가 큰 분자보다 빠릅니다. 이런 원리를 이용하여 우라늄 동위 원소 ^{235}U를 분리할 수 있습니다.

먼저 ^{235}U와 ^{238}U이 섞여 있는 우라늄 동위 원소를 휘발성이 있는

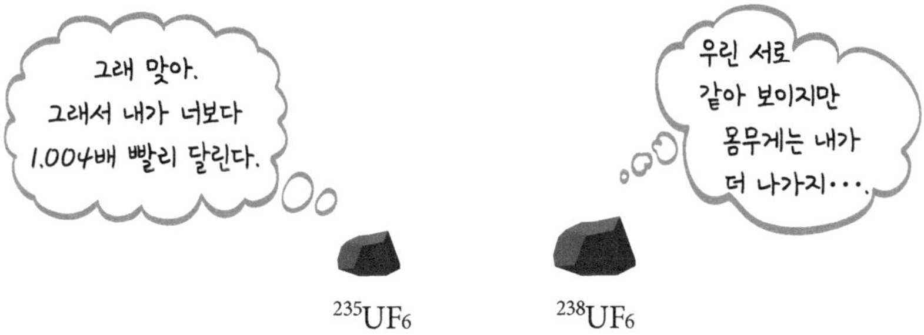

UF_6 형태의 동위 원소 혼합물($^{235}UF_6$와 $^{238}UF_6$)로 만듭니다. 질량이 다른 $^{235}UF_6$와 $^{238}UF_6$를 기체로 변환하면 두 동위 원소 물질을 분리할 수 있습니다. 이 방법은 질량이 다른 기체 분자의 확산 속도가 다르기 때문에 가능합니다. 실제로 $^{235}UF_6$의 확산 속도가 $^{238}UF_6$보다 1.004배나 빠릅니다. 우라늄 동위 원소의 질량 차이를 이용하여 쉽게 분리하는 거죠. 이 방법을 기체 확산법gaseous diffusion method이라고 합니다.

액체는 팽창도 압축도 되지 않는다

식탁 위의 유리컵에 담겨 있는 물은 움직임이 없어 보입니다. 이 물을 분자 수준, 즉 나노 크기의 작은 세계의 관점으로 들여다보면 어떨까요?

나노 크기에서 생각하면, 액체 분자들은 아주 작은 영역에서 일정한 구조를 유지하면서 계속해서 움직입니다. 액체에서 분자들은 기체에서보다 훨씬 더 가까이 있죠. 따라서 액체는 기체보다 상호 작용이 쉽고 세기도 더 강합니다. 액체는 기체보다 밀도가 높고, 잘 압축되지도 않습니다. 그러나 분자들은 모든 방향으로 움직이기 때문에 압력을 가하면 모든 방향으로 똑같은 힘이 전달됩니다. 유압 승강기는 액체의 이런 성질을 이용한 것입니다. 액체 기름을 유압 승강기의 유압액으로 이용합니다.

또 액체는 용기와는 무관하게 일정한 부피를 가집니다. 분자들이 상호 작용에 의해 서로 잡혀 있기 때문이죠. 액체는 점성도, 표면 장력 및 모세관 현상과 같은 특성도 가집니다.

물질의 점성도viscosity는 무엇일까요? 점성도는 '액체가 흐르는 것에 대한 일종의 저항성'입니다. 액체가 흐른다는 것은 한 분자가 다른 분자들을 스쳐 지나가는 현상입니다. 한 분자가 다른 분자를 얼마나 쉽게 스쳐 지나갈 수 있는가는 무엇에 영향을 받을까요? 한 분자가 흐를 때, 이웃 분자가 잡아당기면 쉽게 흐를 수 없겠죠. 그러나 이웃 분자의 당기는 힘이 약하면 쉽게 흐를 수 있습니다. 즉, 액체 흐름의 용이도를 결정짓는 것은, 분자 간 상호 작용력과 서로 얽히는 정도와 관련이 있습니다. 물은 꿀보다 잘 흐릅니다. 물의 점성도가 낮기 때문

표면 장력과 점성

이죠.

점성도는 온도가 올라가면 낮아집니다. 높은 온도에서는 분자들이 더 큰 운동 에너지를 가지고 있어 다른 분자와의 인력을 더 쉽게 극복할 수 있기 때문이죠. 식용유, 꿀 및 모터 오일들은 온도가 올라가면 점도가 낮아지는 물질들입니다. 따라서 벌집에 열을 가하면 꿀을 쉽게 채취할 수 있습니다.

물은 표면을 줄이려는 힘이 있어, 표면이 탄력 있는 피부처럼 거동합니다. 그래서 금속 조각이 물 표면에 뜨고, 수생 곤충들이 수면 위를 걸어 다닐 수 있습니다. 이런 현상은 모두 액체의 표면 장력surface tension 때문입니다. 표면 장력은 '액체의 표면적 증가에 대한 저항력'입니다.

표면 장력을 분자 수준에서 살펴보죠. 액체 속에 있는 내부 분자들은 다른 분자들에 의해 완전히 둘러 쌓여 있습니다. 따라서 이 분자는 주위의 모든 분자와 균일하게 상호 작용을 하게 됩니다.

그러면, 액체 표면에 놓인 분자는 어떨까요? 표면 분자의 위쪽에는 다른 분자가 없습니다. 따라서 옆과 아래에 있는 분자들과만 상호 작용을 하게 됩니다. 즉 분자들의 상호 작용이 균일하지 않은 거죠. 이런 표면에서의 균일하지 않은 분자간 인력이 액체 표면을 수축시키게 됩니다. 표면 분자들에 의해 표면이 수축되는 힘을 응집력cohesive force이라고 합니다.

분자 간 인력이 강하면 액체의 표면 장력도 더 큽니다. 강한 분자간 인력인 수소 결합을 하는 물의 표면 장력 역시 대부분의 다른 액체보다 더 큽니다. 표면 장력 때문에 빗방울이나 이슬 방울이 둥근

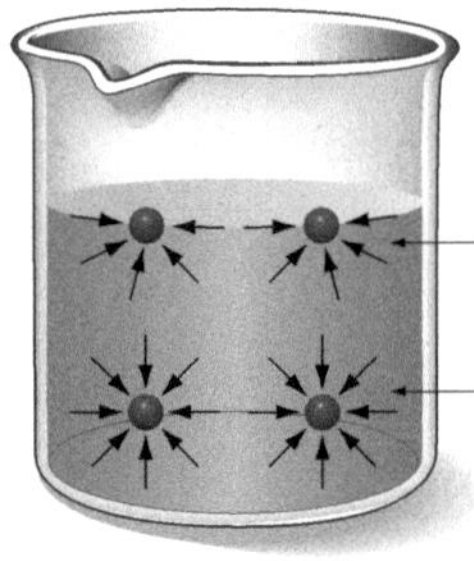

용액 분자들의 상호 작용

모양을 이루게 되죠. 둥근 물 방울은 표면의 물 분자 수가 더 작아지고, 표면의 에너지는 최소화됩니다.

유리컵 표면과 접촉하는 분자는 응집력과 접착력adhesive force 두 가지 힘을 경험합니다. 응집력과 접착력은 어떻게 다를까요?

응집력은 '액체 내에서 분자들이 서로를 끌어당기는 힘'입니다. 또 접착력은 '액체 분자를 컵 표면 쪽으로 끌어당기는 힘'입니다. 따라서 응집력이 작용하면 부피가 줄어들게 되죠. 그러나 접착력은 액체 분자를 컵 표면 쪽으로 끌어당깁니다. 컵 안의 물 표면을 살펴보죠. 표면 중간이 오목해집니다. 이 곡면을 메니스커스meniscus라고 합니다.

왜 이런 현상이 나타날까요?

이유는 접착력이 유리컵 표면에 접촉하는 물 분자 수를 증가시키기 때문입니다. 그렇게 되면 유리 표면 쪽 물은 다소 올라가고, 중간은 오목해집니다. 이 현상은 극성인 물 분자와 유리 성분인 이산화 규소silicon dioxide(SiO_2)의 산소가 작용하는 인력 때문에 생깁니다.

모세관 현상capillary action은 접착력의 또 다른 예입니다. 식물의 뿌리에서 흡수된 물은 높은 줄기에 달린 잎까지 전달됩니다. 이 현상을

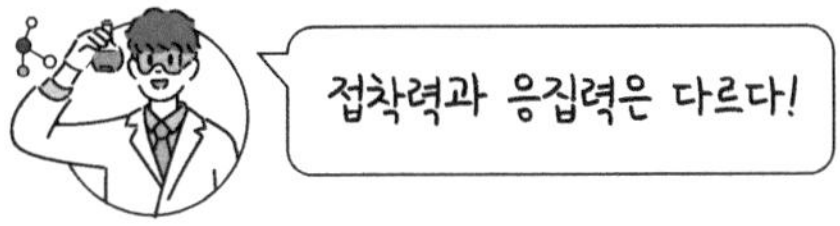

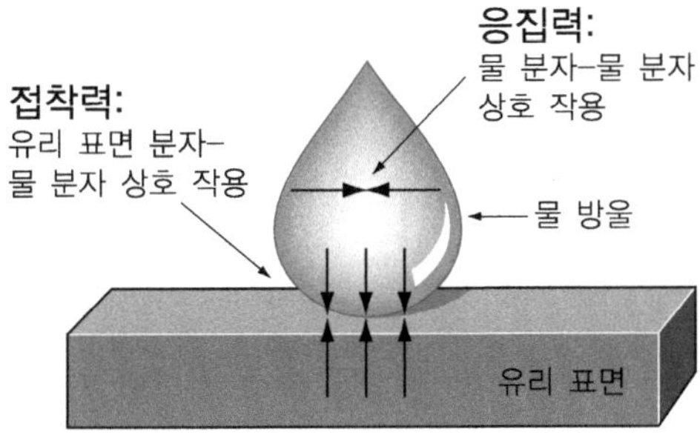

모세관 현상이라고 합니다. 물과 모세관 사이의 접착력이 중력보다 더 크기 때문에 가능한 거죠.

시각적으로 볼 수 없는 많은 자연 현상에도 분자들의 역할이 숨겨 있다는 점이 놀랍습니다. 그래서 거시적 현상의 이해를 위해, 먼저 미시적인 분자나 이온의 세계를 이해하는 것이 중요한 것입니다.

액체의 또 다른 성질로 증발evaporation이 있습니다. 증발은 기화 현상의 일종이죠. 주어진 조건에서 액체가 저절로 기체로 되는 겁니다. 액체가 증발한다는 것을 어떻게 감각으로 알 수 있을까요?

자동차에 연료를 채울 때 차 안에서도 증발된 휘발유 냄새를 맡을 수 있습니다. 따뜻한 커피 잔에서 수증기가 올라가거나, 웅덩이 빗물이 말라 버리는 현상 등을 볼 수도 있습니다. 이런 예를 통해 코와 눈으로 액체가 증발한다는 것을 확인할 수 있습니다. 증발은 지구상의 물의 순환에서 필수적인 현상입니다.

액체 상태 분자들은 다양한 운동 에너지와 속력을 가집니다. 어느 순간에는 일정량의 액체 분자들이 기체 상태로 될 수 있는 충분한 에너지를 가집니다. 액체 분자가 기체로 될 수 있는 최소 에너지를 문턱 에너지threshold energy라고 합니다. 온도가 올라가면 이 문턱 에너지보다 더 큰 에너지를 가지는 분자들의 수가 증가합니다. 그래서 뜨거운 물이 찬물보다 더 빨리 증발합니다.

만일 밀폐된 용기의 절반에 액체를 넣어두면 어떻게 될까요?

이 밀폐 용기에서는 액체 분자가 서서히 기체 분자로 바뀔 겁니다. 기체 압력이 계속 증가하면, 기체 분자가 액체 분자로 되돌아가는 상황에 도달하겠죠. 이 상황이 더 진행되면 증발되는 분자 수와 액체로 응축되는 수가 동일하게 될 겁니다. 평형 상태에 이르는 거죠. 평형 상태에서의 기체 압력을 증기압vapor pressure이라고 합니다. 이런 상태를 동적 평형 상태dynamic equilibrium state라고 합니다.

동적 평형이란, 평형 상태를 분자 수준에서 보면 분자들이 계속해서 움직인다는 의미에서 붙여진 용어입니다. 용기 속의 액체 양이 변하지 않는 것처럼 보이는 것은 계속해서 증발하는 분자 수와 계속해

동적 평형 상태는
증발 분자 수와 응축 분자 수가
같은 평형 상태이다.

서 액화(응축)되는 분자 수가 동일하기 때문입니다.

열린 용기에서 액체의 증기압이 외부 압력에 도달하면 액체는 끓기 시작합니다. 액체의 증기압이 대기압과 같아지는 온도를 액체의 끓는 점boiling point이라고 합니다.

고체는 단단하고 고유한 형태를 이룬다

우리 주변의 대다수의 물질들은 고체입니다. 고체는 어떤 특성을 가질까요?

고체는 외형적으로 단단하고, 나름대로의 고유한 형태를 이루고 있습니다. 고체를 구성하고 있는 이온, 원자 또는 분자들은 강하게 결합하고 있어 구성 입자는 움직일 수 없습니다. 고체는 입자들의 거리가 짧고, 또한 서로 강하게 잡고 있는 거죠. 그래서 액체나 기체와는 다르게 매우 단단합니다.

고체 물질의 성질은 성분 입자들의 상호 작용하는 힘의 종류에 따라 결정됩니다. 고체를 이온성, 분자성, 금속성, 비결정성 및 그물 구조 형태의 고체로 구분됩니다. 이 다섯 가지 부류에 포함되지 않는 고체도 있습니다. 중합체와 나노 물질이 그렇습니다.

이온성 고체는 양이온과 음이온이 서로 강하게 잡아당기고 있습니다. 물질은 전기적으로 중성이어야 안정하므로 양이온과 음이온의 구성비는 이온들의 전하에 따라 결정됩니다.

이온 결합 고체가 안정한 이유는 무엇일까요?

주된 이유는 반대 전하를 가진 이온 간의 인력 때문입니다. 이 인력은 이온들을 서로 당겨서 에너지를 방출하고, 이온들이 격자 구조를 형성하기 때문이죠. 이온성 고체에서 반대 전하를 가진 이온들의 배열에서 오는 안정도의 크기를 격자 에너지lattic energy•라고 합니다. 격자 에너지는 전하의 크기에 의존하며, 이온 전하의 크기에 비례하고 이온 간 거리에는 반비례합니다.

이온성 고체ionic solid는 단단해서 부서지기 쉽고 녹는점이 높습니다. 고체 상태에서는 전도도가 나쁘지만 액체 상태에서는 좋습니다. 소금이 대표적인 예입니다. 고체 소금은 나쁜 전도체이지만, 소금물은 좋은 전도체입니다.

분자성 고체molecular solid는 분산력 및 수소 결합을 포함한 쌍극자 상호 작용 등과 같은 힘에 의해 분자들이 고정되어 있습니다. 예를 들어, 가정에서 좀벌레 퇴치약으로 사용되는 나프탈렌naphthalene은 분자성 고체입니다. 분자성 고체는 녹는점, 끓는점이 비교적 낮습니다. 또한 다소 무르고 전기 전도도가 좋지 않습니다.

금속성 고체는 어떨까요?

금속성 고체metallic solid는 원자들이 금속 결합을 하고 있습니다. 금속 결합metallic bond은 금속 양이온들과 비편재화된 전자(자유 전자)들의 인력에 의해 이루어지는 결합입니다. 즉, 전자들이 금속 양이온들

• 격자 에너지: 고체 이온 결합 화합물 1몰의 모든 이온을 기체 상태 이온으로 완전히 분리하는데 필요한 에너지

사이를 자유롭게 이동하므로 금속 양이온들이 이들 자유 전자를 서로 공유한다고 생각하는 겁니다. 이 개념으로 금속 특유의 강도, 전성, 연성, 전기와 열의 전도성 및 금속의 광택 등 여러 성질들을 이해하고 설명합니다(제9강 참조).

금속 고체의 몇 가지 예로는 철, 은 및 구리 등이 있습니다. 연성과 전성이 높고, 좋은 전기 전도성과 열 전도성을 가지며 경도와 녹는점의 범위가 넓은 금속들입니다. 따라서 인류가 유용하게 이용합니다.

비결정성 고체amorphous solid는 질서 있는 구조가 길게 유지되지는 않지만, 짧은 거리의 질서가 유지되면서 입자들이 그물 구조를 이룹니다. 이들은 공유 결합 힘으로 유지되는 비결정형이기도 합니다. 예를 들어, 설탕은 결정성 고체이지만 솜사탕은 비결정성 고체입니다. 이런 고체는 넓은 온도 범위에서 녹고, 예외가 있지만 대체적으로 전도도가 나쁩니다.

그물 구조 고체network solid는 공유 결합을 하고 있으며 원자들이 1차원, 2차원 및 3차원 그물 구조로 붙들려 있습니다. 흑연, 다이아몬드 및 석영 등이 그 예입니다. 녹는점과 경도의 범위가 넓고, 예외는 있지만 전기 전도성이 나쁩니다.

중합체는 어떤가요? 중합체polymer는 공유 결합에 의해 서로 붙들려 있는 매우 긴 원자 사슬로 되어 있습니다. 이 사슬들은 일반적으로 약한 분자간 힘에 의해 서로 붙잡혀 있습니다. 중합체는 분자성 고체보다 더 강하고 녹는점이 높습니다. 그러나 금속성 고체, 이온성 고체 및 그물 구조 고체보다 유연합니다. 예로, 나일론 및 폴리에틸렌 등이 있습니다.

나노물질nanomaterial이란 무엇일까요? 나노nano는 10^{-9}의 크기를 의미합니다. 따라서 개별 결정의 크기(차원)가 1~100 nm 정도인 고체를 나노물질이라고 합니다.

왜 나노 크기를 별도로 다룰까요? 결정의 크기가 나노 크기(1~100 nm) 범주 안에 들면 일반적인 물질의 특성이 변하기 때문입니다. 일반적으로 나노기술nanotechnology이란 물질을 1~100 nm 크기로 만드는 기술을 의미입니다. 금속과 반도체의 성질은 나노 크기 범위에서 변합니다

자연에서 발견되는 다양한 나노 과학들이 알려져 있습니다. 그래서 많은 과학자들이 자연에서 얻는 아이디어를 토대로 한 나노 과학을 연구하기도 합니다. 이런 나노물질 연구의 중심에 화학이 있습니다.

물질의 상태를 바꿀 수 있다

만일 물질의 상태가 변화되지 않는다면 무슨 일이 벌어질까요? 우리의 일상 생활이 불편했을 뿐만 아니라, 인류의 과학 기술 또한 크게 발전하지 못했을 겁니다. 다행히도 우리는 필요에 따라 물질의 상태를 바꿀 수 있습니다.

얼음은 녹아서 액체가 되고, 컵 속의 물은 증발하여 말라 버리고, 공기 중 수증기는 응축되어 물방울이 맺힙니다. 또 고체 이산화 탄소(CO_2)인 드라이아이스는 상온에서 바로 기체가 됩니다. 일반적으로

각 상태의 물질은 다른 상태로 쉽게 변할 수 있습니다. 이를 상태의 변화 또는 상변화phase change라고 합니다.

물질의 상변화 과정에는 증발, 응축, 녹음, 응고, 승화, 석출 등이 있습니다. 이런 용어는 일상 생활에서 자주 듣고 접하지만, 정확한 정의를 아는 것이 중요합니다.

증발evaporation은 '액체가 기체로 변화되는 과정'이고, 응축condensation은 '기체가 액체로 되는 과정'입니다. 녹음(용융)melting은 '고체가 액체로 되는 과정'이고, 얼음(응고)freezing은 '액체가 고체로 되는 과정'이죠. 또 기체에서 곧바로 고체가 되는 과정은 석출deposition이라고 하며, 고체에서 직접 기체가 되는 과정은 승화sublimation라고 합니다.

그러면 무엇이 물질의 이런 상변화를 제어할까요?

물질의 상태 변화는 온도, 압력, 결합의 세기와 분자간 상호 작용력에 의존한다.

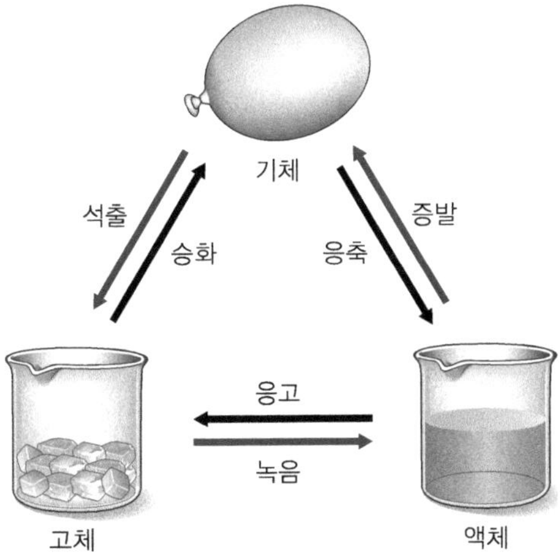

물질의 상 변화

물질의 상변화는 온도, 압력, 결합의 세기, 분자 간 상호 작용하는 힘에 의존합니다. 상변화는 물질을 가열하거나 냉각할 때 일어납니다. 즉, 각각의 상변화에는 계의 에너지 변화가 수반됩니다. 분자 물질에서의 상변화를 설명하는 것과 유사하게, 원자 및 이온 물질의 상변화도 설명할 수 있습니다.

분자적 관점에서 상변화를 설명해보죠. 분자 물질의 상이 변화하는 까닭은 분자의 운동성이 증가하거나 감소하기 때문입니다. 분자의 운동성이 증가하면, 분자 간 인력을 극복하면서 분자 간 거리가 더 먼 형태의 다른 상으로 변화가 일어나는 거죠.

물질이 온도에 따라 변하는 상태의 변화 관계를 그래프로 나타낼 수 있습니다. 이 그래프를 가열 곡선heating curve이라고 합니다.

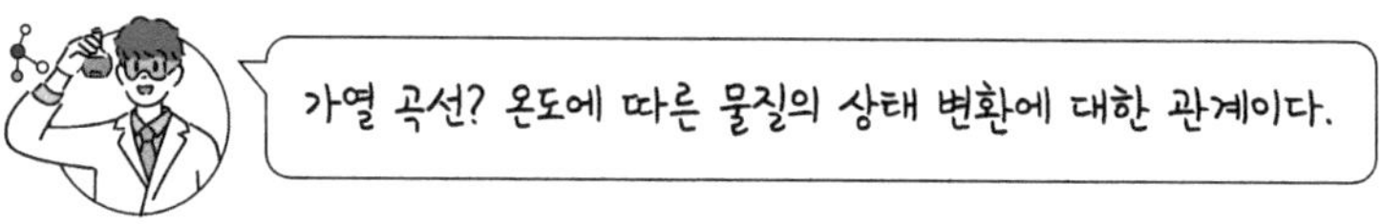

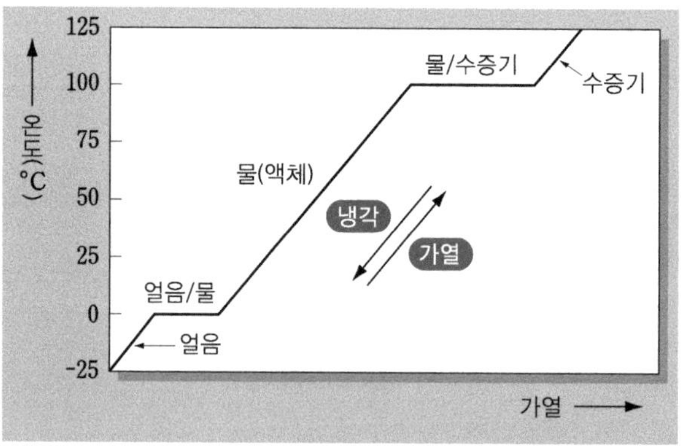

액체도 기체도 아닌 물질도 있다

지금까지 일상 생활에서 만나게 되는 물질의 세 가지 상태인 기체, 액체, 고체에 대해 이야기했습니다. 기체를 압축하거나 냉각시키면 액체로 변화됩니다. 그러나 용기 내의 온도가 충분히 높으면, 압력을 가해주어도 액화되지 않습니다. 즉, 이 상태로는 기체 상에서 액체 상으로 변화되지 않는다는 거죠.

이처럼 기체-액체 상의 전환이 불가능한 상을 초임계 유체supercritical fluid라고 합니다. 다르게 표현하면, 초임계 유체는 '온도가 임계 온도 이상이 되고, 압력이 임계 압력 이상이 되었을 때의 물질의 상태'를 말합니다. 이처럼 액체와 기체의 구분이 사라지는 온도와 압력을 임계점critical point이라고 합니다. 초임계 유체를 이해하려면 임계

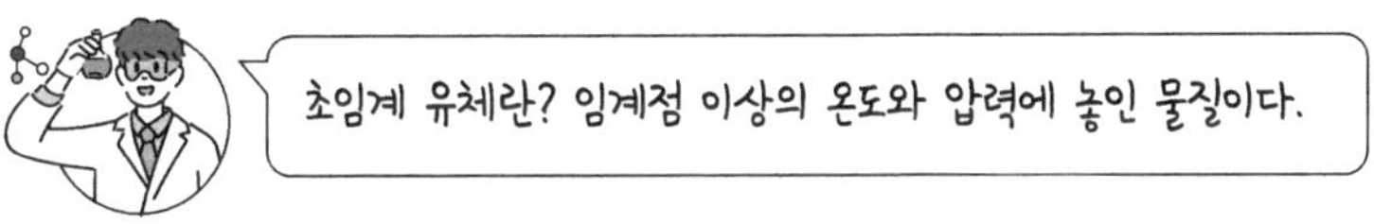

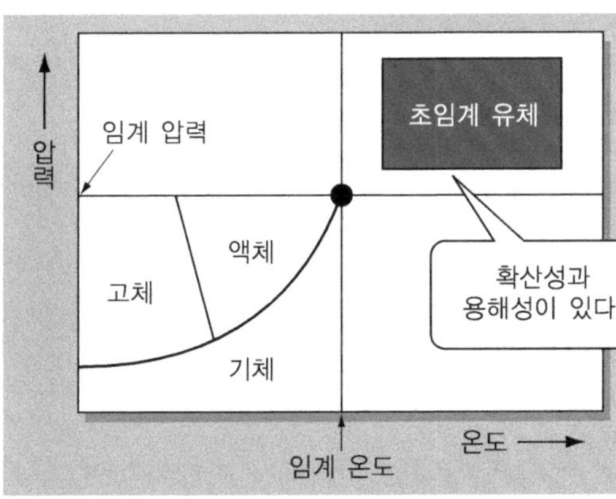

상태의 의미를 알아야 합니다.

임계 상태란 어떤 물질 또는 현상의 성질에 변화가 생기거나 또는 그 성질을 지속시킬 수 있는 경계가 되는 상태입니다. 일반적으로 기체는 일정한 온도에서 압축하면 밀도가 커져서 액화되기 시작하지만, 온도가 어느 한계를 넘으면 아무리 압축해도 액화되지 않습니다. 이 한계가 되는 온도를 기체의 임계 온도critical temperature라 하고, 임계 온도에서 기체를 액화시키는 데 필요한 압력을 임계 압력critical pressure이라고 합니다.

다르게 말하면 임계 온도는 액체 상이 생성될 수 없는 최고 온도입니다. 또 임계 압력은 임계 온도에서 액화가 일어나는데 필요한 압력입니다. 임계 온도와 임계 압력의 조합을 임계점이라고 말할 수 있으며, 액체 상과 기체 상의 구분이 사라지는 온도와 압력이죠. 물의 임계점은 온도 373.9℃, 압력 218.3 atm이고, 이산화 탄소의 임계점은 온도 31℃, 압력 72.8 atm입니다.

초임계 유체는 기체의 확산 성질과 액체의 용해 성질을 모두 가지고 있어 유용합니다. 초임계 유체는 넓은 범위의 물질을 녹일 수 있는 용매로 사용됩니다. 특히 혼합물의 성분을 서로 분리할 수도 있습니다. 이 방법을 '초임계 유체 추출법'이라고 합니다.

이 추출법은 화학, 식품, 의학, 에너지 산업 등에서 복잡한 혼합물 분리에 사용합니다. 특히 가격이 저렴하고 이산화 탄소 배출을 줄일 수 있는 초임계 이산화 탄소가 자주 이용됩니다. 초임계 상태의 이산화 탄소는 여러가지 물질을 잘 녹일 수 있고 회수와 재활용이 가능하기 때문이죠. 이 공정은 실제로 커피에서 카페인을 제거할 때 사용합니다.

고체와 액체의 중간 성질을 띠는 물질도 있습니다. 곧 액정liquid crystal이라고 하는 물질입니다. 액정은 그 이름에서 알 수 있는 것처럼, 전통적인 액체와 고체 결정 사이의 중간적인 특성을 지니는 물질이죠.

예를 들어, 고체인 콜레스테롤 벤조에이트cholesterol benzoate라는 물질은 145℃에서는 점성이 있는 끈끈한 액체입니다. 이 뿌연 액체는 179℃에서는 맑은 액체가 되며, 이 온도 이상에서는 같은 상태가 유지됩니다. 이 액체를 서서히 냉각시키면 145℃에서 다시 응고됩니다. 이 과정은 가열 과정의 역과정인 셈이죠.

액정을 만드는 분자들은 대부분 다소 단단한 부분과 막대 모양의 부분으로 되어 있습니다. 액정 상태에서의 분자간 힘은 약하며, 이 힘은 온도, 압력, 전기장에 의해 민감하게 영향을 받습니다. 따라서 다양한 용도로 사용될 수 있습니다.

오늘날 액정은 압력 및 온도 센서와 디지털 시계, TV, 컴퓨터와 같은 전자장치의 액정 표시 장치(LCD)에 주로 이용됩니다. 또 다른 예로 전자 종이e-paper의 기초 기술도 액정 기술입니다. 전자 종이는 벽걸이형 디스플레이, 전자 라벨 및 전자 도서 판독기 등 다양한 응용성을 가지고 있습니다.

제9강

결합은 물질을 만드는 힘이다

우리가 먹고 마시고 사용하는 모든 물질은 어떻게 이루진 것일까요? 또 음식을 먹으면 어떻게 에너지와 영양소를 제공하여 생명을 유지하게 할까요?

이 의문을 풀어줄 열쇠 중 하나는 화학 결합입니다. 결합은 물질의 단위체를 만드는 힘입니다. 모든 물질의 단위체는 원소들의 화학 결합을 통해 만들어집니다. 따라서 원자들은 자연계에서 대부분 다른 원자와 결합된 상태로 발견됩니다. 원자는 서로 화학적으로 결합하여 분자나 이온 같은 화학종을 만듭니다. 분자는 물질의 고유한 성질을 가지는 최소 단위이죠.

그렇다면 분자를 구성하는 원자의 성질과 분자의 성질이 같을까요?

아니요. 원자와 분자의 성질은 전혀 다릅니다. 원자들이 분자를 형성하면, 전자는 원자 상태로 있을 때와는 전혀 다른 상황에 놓이게 됩니다. 주변의 다른 원자에 속한 전자와 가까운 거리에 있게 되죠. 그렇게 되면 음(-)의 전하를 띠고 있는 전자들은 서로 반발하게 됩니다.

이런 결과로 결합 전자는 원자 상태의 전자와는 다른 에너지 상태에 있게 되죠. 결합 전자의 에너지도 양자화된 불연속적인 값을 가지며, 전자가 처한 환경에 따라 달라집니다. 따라서 결합 전자는 주어진 환경에서 안정한 에너지 준위를 이루며, 이에 적합한 물질의 특성을 나타냅니다. 물질은 주어진 환경(조건)에서 가장 안정한 결합을 이루고 있습니다. 결과적으로 결합 전자 구조와 상태가 물질의 성질(에너지 준위, 반응성, 색 등)을 결정합니다.

결합이란 무엇인가?

결합bond은 무엇일까요? 간단히 말하면, 결합은 '두 원자들을 서로 잡고 있는 힘'입니다. 화학 결합은 불안정한 물질들이 안정화를 추구한 결과입니다. 자연에 있는 모든 물질은 주어진 조건에서 가장 안정한 상태로 존재하려는 경향성을 가지기 때문입니다.

먼저 원소들의 안정도 경향성을 살펴보죠. 원자들의 안정도 경향성은 원소 주기율표를 통해 알 수 있습니다. 원자가 비활성 기체와 같은 전자 배치를 이루면 안정합니다. 헬륨helium(He)을 제외하고는 주기율표의 8족에 있는 비활성 기체는 안정합니다. 이들의 안정성은 8개의 원자가전자 때문입니다. 즉, 원자가 안정하게 되려면 8개의 원자가전자를 이뤄야 합니다. 원자들의 이런 경향성을 팔전자 규칙octet rule이라고 합니다. 팔전자 규칙은 *s* 및 *p* 부껍질을 갖는 원자에 주로 적용됩니다.

원자는 전자를 얻거나, 잃거나 또는 공유해서 안정하게 되려고 합니다. 이것이 곧 원자들이 결합을 이루려는 이유이고, 이런 성질이 곧 반응성입니다. 반응성의 크기는 원자에 따라 다릅니다.

물질을 이루는 결합의 종류가 물질의 물리적 화학적 성질을 좌우

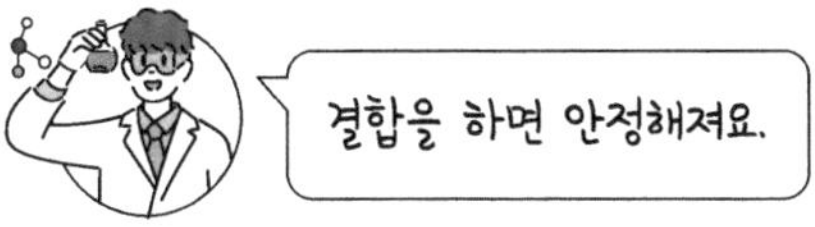

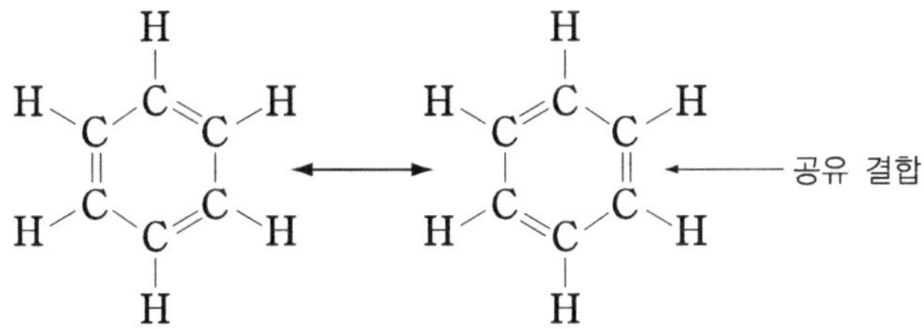

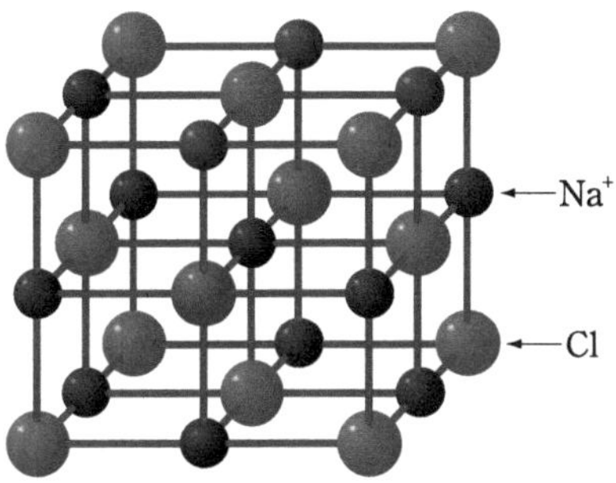

이온 결합

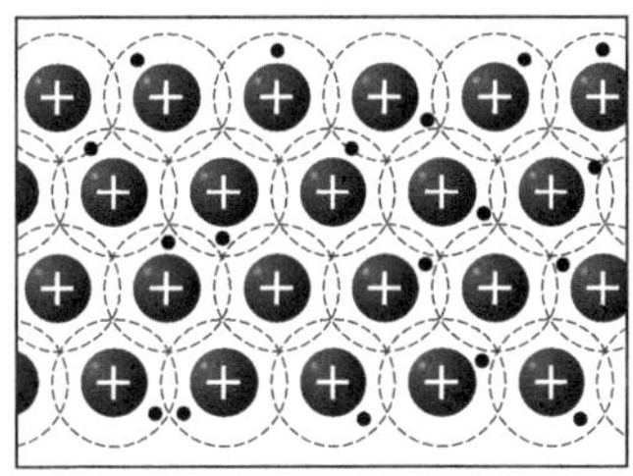

금속 결합

합니다. 물질을 만드는 화학 결합에는 이온 결합ionic bond, 공유 결합covalent bond, 금속 결합metallic bond 등 세 가지 유형이 있습니다. 결합 유형이 다르면 물질은 각기 다른 성질을 나타냅니다. 그것이 자연을 다양하게 만드는 거죠. 물질을 알기 위해서 결합을 이해하는 것은 매우 중요합니다.

이온 결합은 양이온과 음이온으로 만들어진다

이온 결합은 반대 전하를 띠는 두 원자 사이에서 작용하는 정전기적 인력으로 이루어집니다. 소금(NaCl)을 예로 들어 보죠. 소금에서는 소듐 양이온(Na^+)이 염소 음이온(Cl^-)과 이온 결합을 하고 있습니다.

그렇다면 어떤 원소들이 이온을 잘 형성할까요?

원소들의 이온 형성 경향성은 최외각 오비탈의 전자 배치로 예측할 수 있습니다. 다르게는 전기음성도로도 예측합니다. 전기음성도가 작은 원자는 쉽게 전자를 잃어 양이온이 되고, 전기음성도가 큰 원자는 쉽게 전자를 얻어 음이온이 됩니다. 따라서 전기음성도 차이가 큰 두 원소 사이에서는 이온 결합이 잘 형성됩니다. 두 원소의 전기음성도

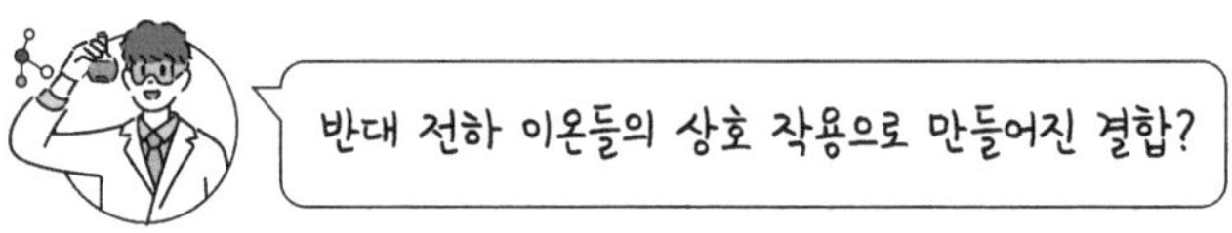

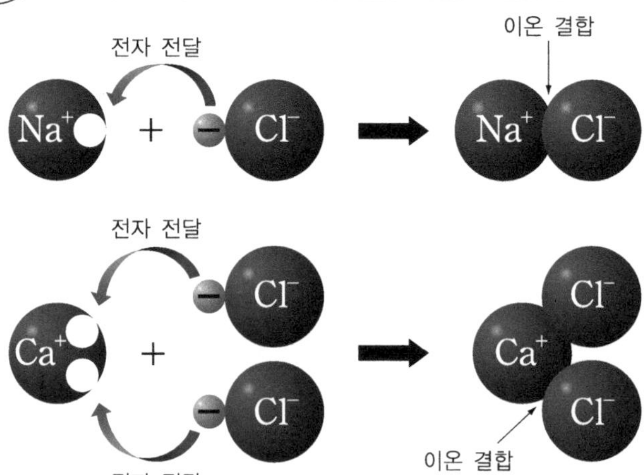

차이가 2.0 이상이면 흔히 이온 결합이 형성되었다고 합니다. 특히 이온 결합은 주기율표의 맨 왼편의 1족 및 2족 원소들의 양이온들과 맨 오른편의 16족과 17족 원소의 음이온 사이에서 흔하게 형성됩니다.

예를 들어, NaCl(소금)에서 Na의 전기음성도는 0.9이고 Cl은 3.0이므로 2.1의 차이가 납니다. 또 소금에서 소듐(Na)은 1족이고 염소(Cl)는 17족 원소입니다. 따라서 NaCl은 이온 결합을 한다고 예측할 수 있죠.

이런 경향성은 왜 그럴까요?

결합하는 원소들의 원자가전자 배치를 살펴보죠. 소듐(Na, [Ne]$3s^1$)과 같은 1족 원소들은 원자가전자가 3s 오비탈에 1개입니다. 이 전자 하나를 잃어버리면 최외각 오비탈의 전자 배치가 비활성 기체인 네온(Ne, $1s^2 2s^2 2p^6$)과 같아집니다. 따라서 전자 하나를 쉽게 잃고, 안정한 Na^+ 이온이 되는 거죠.

염소 원자는 어떨까요?

염소(Cl, [Ne]$3s^2 3p^5$) 원자의 원자가전자는 $3s$에 2개, $3p$에 5개, 모두 7개입니다. 전자가 하나만 더 채워지면, 안정한 8개 전자 배치를 이루게 됩니다. 그렇게 되면 비활성 기체인 아르곤(Ar)의 원자가전자 배치를 이루면서 안정한 음이온(Cl^-)이 됩니다. 즉, 원자가 어떤 이온을 형성하게 될 지는 원자가전자의 수로 결정됩니다.

대부분의 이온 결합 물질은 고체이고, 상대적으로 녹는점이 높습니다. 이온 결합 화합물이 안정한 주요 원인은 반대 전하를 가진 이온들 간의 강한 정전기적 인력 때문입니다. 이 인력으로 원자들을 서로 끌어당겨 안정한 격자 구조를 형성하죠. 이때 여분의 에너지는 방출됩니다.

이온 결합 화합물은 원자 사이에 전자쌍을 공유하지는 않습니다. 대신 반대 전하로 하전된 이온들 간의 정전기적 인력에 의해 서로 붙들려 있는 겁니다. 이런 이유로 이온 화합물의 구조는 분자 구조처럼 뚜렷하지 않으며, 오히려 각기 특별한 3차원 배열을 이루죠.

소금 결정 구조를 보면 각각의 소듐 양이온(Na^+)은 여섯 개의 염소 음이온(Cl^-)으로 둘러 쌓여 있습니다. 또 염소 음이온은 각각 여섯 개의 소듐 양이온에 둘러 쌓여 있습니다(187쪽 그림 참고).

금속 결합은
전자 바다 모형으로 설명한다

금속 물질은 이온 화합물이나 공유 결합 물질과는 다른 독특한 성질을 가지고 있습니다. 왜 다른 성질을 보일까요?

금속은 이온 결합이나 공유 결합을 하지 않기 때문입니다. 즉, 이온 간의 정전기적 인력으로 잡혀 있지 않습니다. 물론 두 원자들이 전자들을 공유하지도 않죠. 그렇다면 금속의 특성을 설명할 수 있는 결합은 어떤 형태일까요?

금속은 안정한 산화수를 가지는 양이온이 되려는 성질이 있습니다. 금속의 특성을 설명하는 데 전자 바다 모형electron sea model이라는 개념을 이용합니다. 전자 바다 모형은 '금속 원자가 유동성이 있는 원자가전자의 바다에 잠겨 있다'고 보는 겁니다. 금속에서는 전자들이 어느 특정 금속 원자에 속해 있기보다는 여러 금속 원자에 공유되어

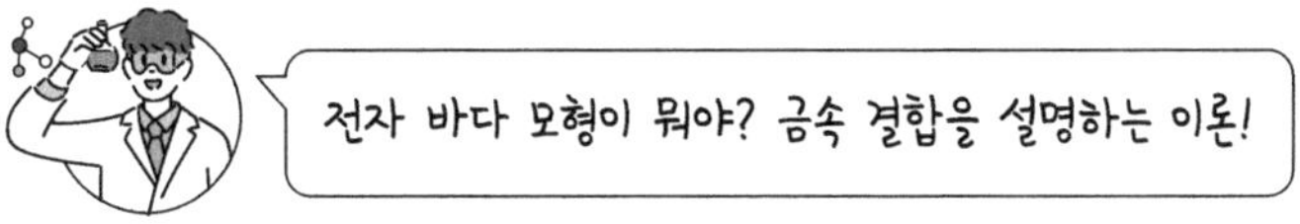

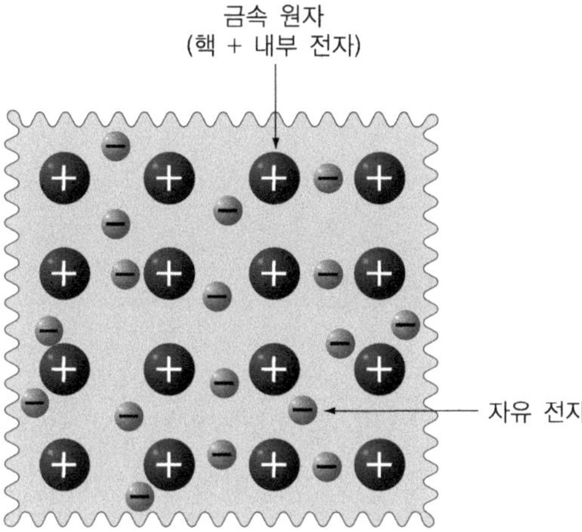

전자 바다 모형

있다고 생각하는 거죠. 특정 금속에 속하지 않는 이 전자를 자유 전자free electron라고 합니다. 이 모형은 금속 양이온들이 자유롭게 움직이는 전자들을 서로 공유한다는 개념입니다. 다시 말하면 금속 결합은 '양전하를 갖고 있는 금속 양이온과 주위에 있는 자유 전자들 간의 전기적 인력으로 이루어지는 결합'입니다. 자유 전자들처럼 여러 원자에 퍼져 있는 것을 비편재화delocalization되었다고 합니다. 전자가 특정 원자에 고정되어 있지 않다는 뜻입니다.

전자 바다 모형에 따르면 금속 결합에서 전자는 비교적 자유롭게 움직입니다. 이런 특성으로 금속 특유의 강도, 연성, 전기 전도성, 광택, 전성 및 열 전도성을 설명할 수 있죠.

금속의 전도성conductivity을 대표적으로 살펴봅시다. 금속 결합에서 전자들은 특정 금속에 잡혀 있지 않아서 쉽게 움직일 수 있습니다. 따라서 금속에 전기장을 걸어주면, 전자들이 전기장의 (+) 쪽으로 쉽게 움직여서 전기를 통하게 한다고 전도성을 설명할 수 있습니다.

공유 결합은 전자를 공유할 때 형성된다

공유 결합을 하고 있는 물질의 수는 방대합니다. 이온 결합이나 금속 결합 물질보다 훨씬 많습니다. 그만큼 다양성이 크다는 거죠. 공유 결합은 '원자들이 전자쌍을 서로 공유하여 만드는 결합'입니다. 예를 들어 물(H_2O) 분자의 O:H 결합은 산소 원자와 수소 원자가 2개 전자를 서로 공유하므로 형성됩니다.

전자를 공유하면 왜 원자들 사이에 인력이 생길까요?

가장 간단한 공유 결합 분자인 수소 분자(H_2)를 살펴보죠. 2개의 수소 원자가 멀리 떨어져 있으면 두 원자 사이에는 어떤 인력도 없습니다. 그러나 두 수소 원자가 충분히 가까워지면, 수소들의 전자 구름이 서로 겹쳐지게 될 겁니다.

이런 겹침이 일어나면 어떻게 될까요?

핵과 핵, 전자와 전자들은 전하가 같으므로 서로 반발하겠죠. 그러나 양전하를 띠는 핵은 다른 수소의 전자를 끌어당깁니다. 이때 전자들의 반발력보다 핵-전자 인력이 더 크면, 두 수소 원자 사이에 결합할 수 있는 알짜 인력이 생깁니다. 그 결과로 결합이 이루어집니다.

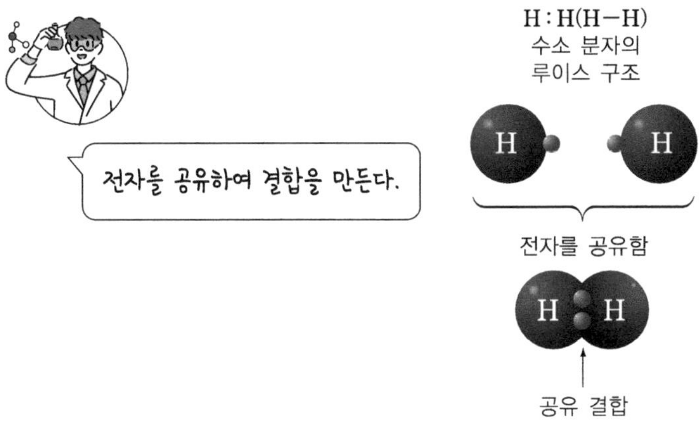

공유 결합 모형

원자들이 결합할 때 반발력보다 인력이 더 크다는 증거가 있나요?

있습니다. 생성된 수소 분자(H_2)가 원자 상태의 수소(H)보다 더 안정하다는 것이 그 증거입니다. 실제로 수소 분자는 두 핵 간의 거리가 74 pm일 때 가장 낮은 에너지를 갖는다고 알려져 있습니다. 이러한 개념은 루이스가 제안하였습니다.

루이스는 결합에 관여하는 전자를 하나의 점(·)으로 나타내는 방법도 제안하였습니다. 루이스의 제안에 따라 그리는 구조를 루이스 구조Lewis structure라고 합니다. 루이스 구조에서는 공유 전자를 하나의 점(·)으로, 공유 전자쌍은 2개의 점(:)이나 또는 하나의 선(—)으로 표시합니다. 결합에 참여하지 않는 비결합 전자쌍도 같은 방식으로 표시합니다.

한 개의 전자쌍을 두 원자가 공유하면, 하나의 공유 결합이 형성됩니다. 2개 또는 3개의 전자쌍을 공유하면 이중 결합 또는 삼중 결합이 형성됩니다. 이중 결합 및 삼중 결합을 다중 결합이라고 합니다.

탄소(C), 질소(N), 산소(O) 등이 이런 다중 결합을 형성할 수 있습니다. 질소 분자(N_2, N≡N)는 2개 질소 원자들이 삼중 결합을 이루고 있고, 이산화 탄소(CO_2, O=C=O)는 산소와 탄소가 이중 결합을 이루고 있습니다.

분자 구조는 어떻게 결정되나?

분자 물질들은 그 모양과 성질이 다양합니다. 분자 물질의 이런 다양성은 분자의 구조에 기인합니다. 분자는 제각기 다른 구조를 이루고 있기 때문입니다. 따라서 물질의 이해를 위해서는 분자 구조를 알아야 합니다.

무엇이 분자 구조를 결정할까요?

분자 구조는 중심 원자의 결합 수, 결합 길이, 비결합 전자쌍 그리고 공간 배열 양상에 의해 결정됩니다. 중심 원자의 결합 수는 곧 결합 각을 결정하는 가장 큰 요소입니다. 분자 구조와 물질의 물리적, 화학적 및 생물학적 성질과 관련이 있습니다. 물질의 성질은 특히 분자 모양과 크기에 좌우됩니다. 화학식과 결합의 종류가 동일한 물질이라도 삼차원 구조가 다르면 전혀 다른 역할을 합니다. 분자 구조의 차이가 어떻게 영향을 미치는가를 아미노산이나 약물 분자에서 볼 수 있습니다.

분자의 기본 모양은 결합 각에 의해 결정됩니다. 결합 각은 분자를

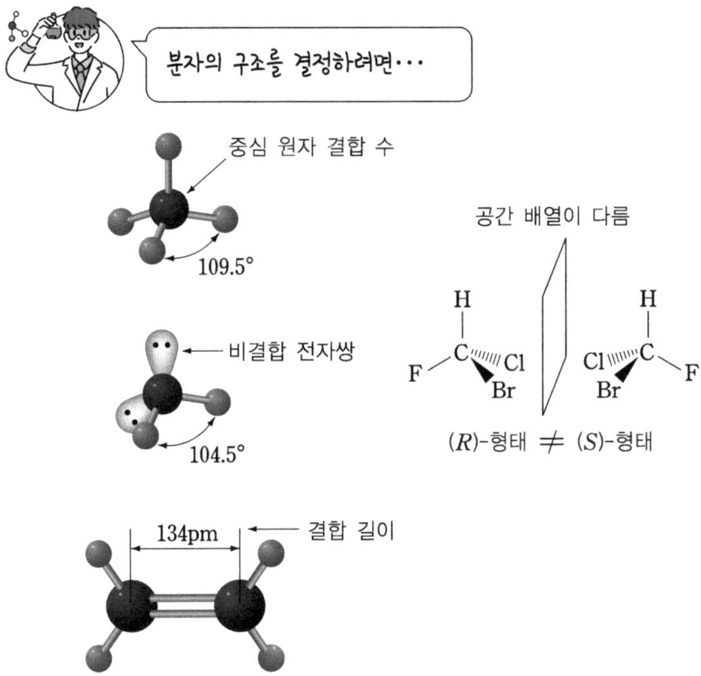

구성하는 중심 원자가 형성하는 결합의 수에 의해 결정됩니다. 즉, 중심 원자의 결합 수가 기본 모양을 결정하죠. 중심 원자의 결합 수는 원자가전자와 혼성화에 의존합니다.

중심 원자가 2개의 원자와 결합하여 가장 안정한 구조를 이루려면, 두 결합이 서로 직선(180°)으로 배열되어야 합니다. 중심 원자가 3개 결합을 형성하여 안정한 삼차원 배열을 이루려면, 평면 삼각형(120°)을 이루어야 하죠. 또 중심 원자가 4개의 결합을 하고, 안정한 삼차원 배열을 이루려면 정사면체(109.5°)가 되는 것입니다.

한편, 어떤 중심 원자 중에는 결합을 하지 않고 남아 있는 전자쌍을 가지고 있는 것들도 있습니다. 이런 결합하지 않은 전자 쌍을 비결합 전자쌍nonbonding electron pair 또는 고립 전자쌍lone pair electron이라고 합니다.

예를 들어, 암모니아(:NH_3)의 중심 원자인 질소(N)는 3개 수소(H) 원자와 결합하고도, 결합에 참여하지 않은 비결합 전자쌍을 한 쌍 가지고 있습니다. 이런 중심 원자의 비결합 전자쌍은 중심 원자의 삼차원 배열에 얼마간 영향을 줍니다.

비결합 전자쌍이 삼차원 배열에 영향을 끼치는 이유는 비결합 전자쌍이 차지하는 오비탈의 부피가 결합 오비탈보다 더 크기 때문입니다. 부피가 더 큰 오비탈은 삼차원 공간에서 더 넓은 공간을 차지하죠. 그렇게 되면 분자 내의 다른 결합각들은 더 작아지게 되죠. 이 설

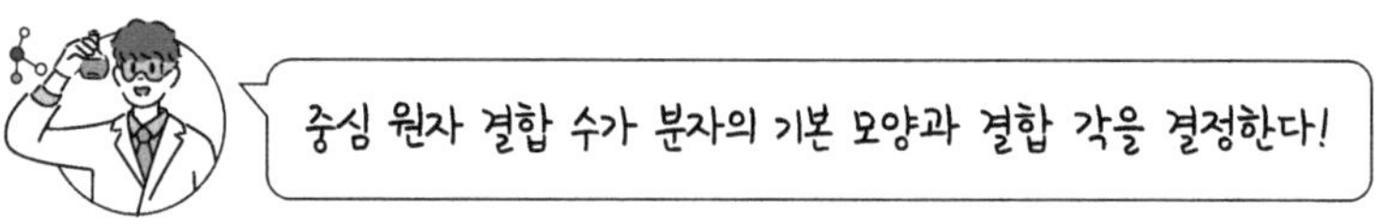

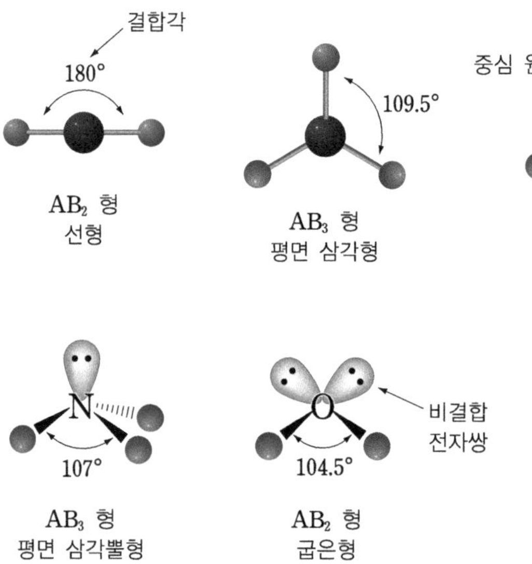

명 모형을 원자가 껍질 전자쌍 반발 모형valence shell electron pair repulsion, VSEPR이라고 합니다.

분자의 중심 원자가 주기율표의 3주기나 그 이상의 주기에 있는 원자들의 경우에는 4개보다 더 많은 5개와 6개의 결합을 형성할 수 있습니다. 따라서 이들 분자들은 삼각 쌍뿔형(5개 결합)과 팔면체형(6개 결합)에 기반을 둔 기하 구조 형태를 이룹니다. 이런 모양이 삼차원 공간에서 가정 안정하기 때문이죠.

여러 원자들로 형성되는 더 큰 분자들의 삼차원 구조도 앞에서 다룬 이론을 기초로 예측할 수 있습니다. 즉, 각 중심 원자들의 삼차원 모양이 이어져 있다고 생각하면 됩니다.

공유 결합 설명에 어떤 이론이 가장 좋을까?

화학자들은 공유 결합을 설명하는데 루이스 모형, 원자가 결합 이론 및 분자 오비탈 모형 등 세 가지 이론을 사용합니다. 셋 중 어느 이론이 가장 유용할까요?

공유 결합을 두개의 전자쌍으로 표시하는 루이스 모형은 간편하고 쉽게 익힐 수 있다는 장점이 있습니다. 그러나 공유 결합의 특성을 잘 설명할 수는 없습니다.

원자가 결합 이론의 모형도 또한 전자쌍 공유를 바탕으로 설명합니다. 두 원자 오비탈이 겹쳐 저서 전자쌍을 공유하여 결합을 이룬다는 것이죠. 원자가 결합 이론에서는 한 원자의 전자 오비탈과 다른 원자의 전자 오비탈이 겹쳐져 결합 오비탈을 형성한다고 생각합니다. 이 결합 오비탈이 곧 공유 결합을 이루는 분자 오비탈molecular orbital입니다. 원자가 결합 이론에서는 원자가 껍질의 오비탈과 전자만을 고려하여 설명합니다. 그러나 루이스 모형과 원자가 결합 이론으로는 공유 결합 물질의 구조와 반응성의 다양성을 충분히 설명할 수 없습니다.

오늘날 화학자들은 분자 오비탈 이론molecular orbital theory으로 분자

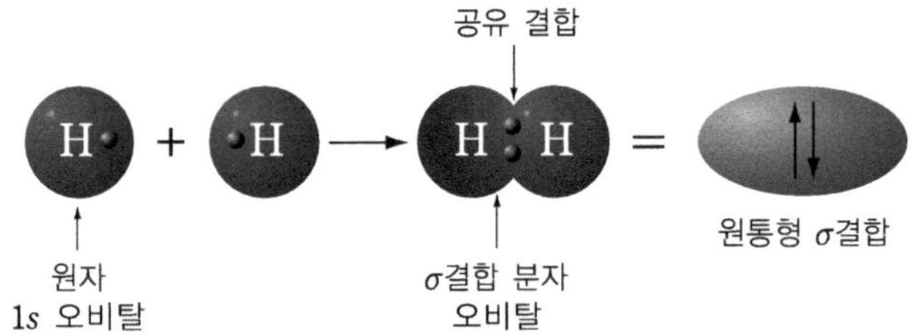

원자 오비탈들이 겹쳐서 전자쌍을 공유하여 결합 분자 오비탈을 형성한다.

원자가 결합 이론

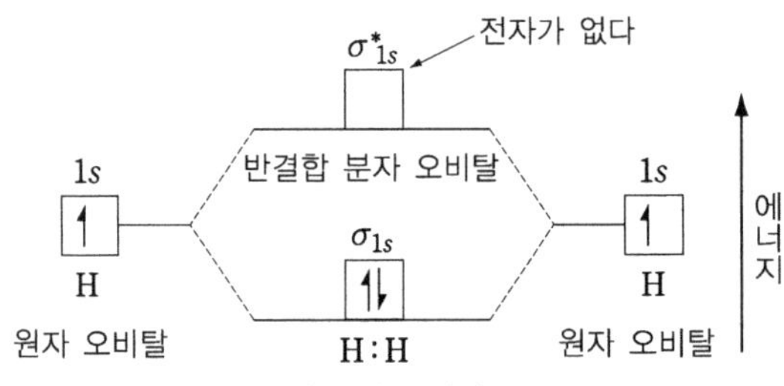

원자 오비탈 2개가 2개의 분자 오비탈을 형성한다.
결합 분자 오비탈 에너지 준위가 원자 오비탈보다 낮다.

분자 오비탈 이론

들의 구조, 반응성 및 특성 등을 보다 정량적이고도 구체적으로 설명합니다. 분자 오비탈 이론에서는 원자 오비탈과 결합 분자 오비탈이 다르고, 에너지 준위는 결합 오비탈이 더 낮다고 생각합니다. 분자 오비탈은 원자 오비탈들의 조합으로 만들어지고, 여기에 전자가 공유되어 공유 결합을 이룹니다. 하나의 분자 오비탈 형성에 2개의 원자 오비탈이 관여하므로 결합 형성 후에도 2개의 오비탈이 존재해야 하죠. 따라서 분자 오비탈에는 결합 오비탈과 반결합 오비탈 2개가 존재합니다. 결합 오비탈은 전자가 점유되어 있지만, 반결합 오비탈에는 비워져 있다고 생각하죠. 이 반결합 오비탈의 존재는 전자의 들뜸 현상으로 증명되었습니다.

반도체 띠 구조도
분자 오비탈 이론으로 설명한다

전도체conductor, 반도체semiconductor 및 절연체insulator들을 어떻게 설명할까요?

이들을 설명할 때는 에너지띠 이론을 이용합니다. 여기서 말하는 에너지띠는 금속의 수많은 원자 오비탈들의 겹침으로 형성됩니다. 이 에너지띠를 이해하려면 금속에서 결합 전자가 어떻게 거동하는가를 아는 것이 중요합니다.

금속에서 에너지띠가 어떻게 생기는지 살펴보죠. 앞서 설명했듯이 원자에서 전자들은 양자화되어 있습니다. 따라서 전자들은 특정한

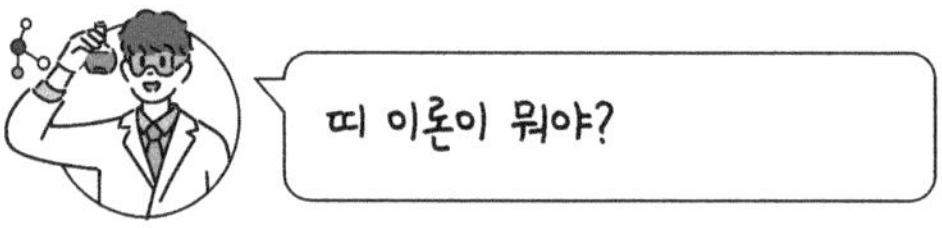

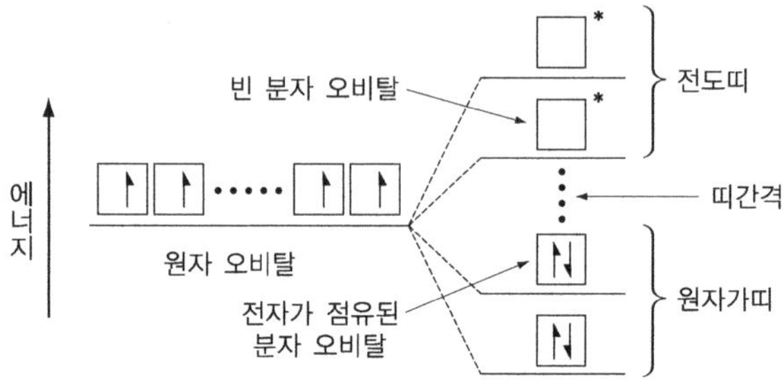

에너지 준위의 오비탈을 점유합니다. 동일한 원자들의 에너지 준위는 동일합니다. 그러나 원자들이 가까워지면, 서로 영향을 미쳐 동일한 에너지 준위가 더 올라가거나 내려가면서 에너지띠가 만들어집니다. 이 이론을 띠 이론band theory이라고 합니다. 이런 에너지띠는 금속의 특징입니다.

원자가전자를 가지고 있는 띠를 원자가띠valence band라고 하며, 원자가띠보다 더 높은 에너지의 오비탈을 포함하는 띠를 전도띠conduction bnad라고 합니다. 전도띠에는 전자가 점유되어 있지 않습니다. 원자가띠와 전도띠 사이를 띠간격band gap이라고 합니다.

금속에서는 원자가띠와 전도띠가 겹쳐져서 전자들이 두 띠 사이를 자유롭게 움직일 수 있습니다. 이러한 사실로 금속이 우수한 전도체라는 것을 설명할 수 있죠.

만일 원자가띠와 전도띠의 거리, 즉 띠간격이 너무 멀면, 전도체로 작용할 수 없습니다. 그런 물질을 절연체라고 하죠. 그러나 띠간격이 점점 좁아지면, 어느 순간에는 전기장에서 전자들이 전도띠로 올라갈

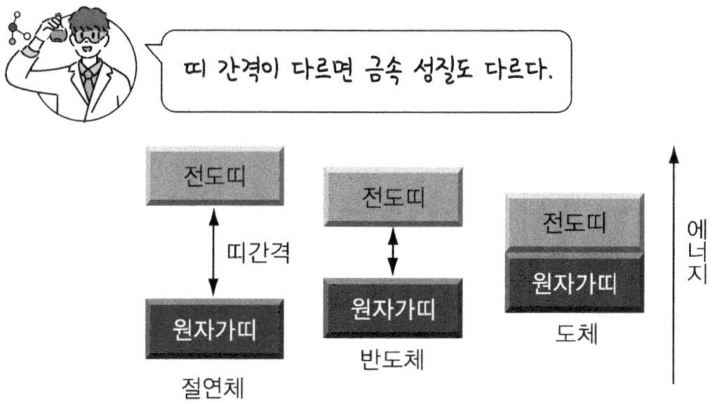

수 있습니다. 그렇게 되면 금속에 전기가 흐르게 됩니다. 이런 물질을 반도체라고 합니다.

오늘날 우리가 사용하는 다양한 전자 제품이 금속의 이런 특성을 이용하여 만들어 졌습니다.

제10강

물질은 반응으로 변한다

분자나 이온 및 원자들은 왜 서로 반응할까요?

이유는 간단합니다. 더 안정한 상태가 되려는 거죠. 원자는 에너지적으로 불안정할 때, 더 안정하게 되려는 경향이 있습니다.

화학 반응은 '원자들 사이에 결합이 형성되거나 분해되는 현상'입니다. 다르게 말하면 화학 반응은 '반응물의 결합이 분해되고 생성물의 새로운 결합이 형성되는 것'이죠. 더 구체적으로 말하면, 화학 반응은 반응 자리 결합에 관여된 두 원자들의 전자의 상호 작용으로 일어납니다.

결합에 관여하는 전자들은 원자가 껍질에 위치하는 전자들, 즉 원자가전자valence electron입니다. 핵심부 전자core electron는 반응에 참여하지 않죠. 앞에서 다룬 것처럼, 원자가전자는 쌍을 이루거나 그 개수가 총 8개가 되면 더 안정하죠. 따라서 전자적으로 불안정한 원자나 물질의 반응자리 원자는 반응을 통해 더 안정화되려고 합니다.

이렇게 '어떤 물질들이 화학 반응을 일으켜 안정화되려는 경향성'을 반응성reactivity이라고 합니다. 반응하는 물질들은 서로 같은 물질일 수도, 다른 물질일 수도 있습니다. 반응성이 큰 물질의 반응은 잘 일어납니다.

원자나 물질의 반응성을 안다는 것은 중요하죠. 화학 반응의 기본을 이해하려면, 반응의 기본 단위체인 원자나 분자 크기에서 먼저 이해해야 합니다.

화학 반응을 이해하는 것은 중요합니다. 반응은 화합물의 행동(활동)의 양상이자, 결과이기 때문입니다. 철재로 만든 구조물이나 기구는 시간이 지나면 저절로 녹이 습니다. 연료를 사용하는 자동차는 연료의 연소열로 움직입니다. 또한 휘발유나 경유 및 LPG를 사용하는 자동차는 운행 중에 수증기와 이산화 탄소를 배출합니다.

철이 녹스는 것은 시간이 걸리지만, 자발적으로 일어나는 산화 반응입니다. 자동차의 연소는 신속히 일어나지만, 자발적인 반응은 아닙니다. 이처럼 화학 반응은 저절로 일어나기도 하고, 그렇지 않은 것도 있습니다.

왜 그럴까요?

반응과 관련된 몇 가지 내용들을 살펴봅시다. 물질의 반응성은 반응에 참여하는 원자의 원자가전자의 개수와 배열 형태에 달려 있습니다. 반응성을 핵으로부터 가장 멀리 있는 원자가 껍질을 중심으로 살펴보죠. 주기율표의 8족(비활성 기체) 원소들은 원자가전자가 8개를 가지므로 비어 있는 오비탈이 없고 안정합니다. 이런 비활성 기체와 같은 원자가전자 수와 배열을 이루고 있는 원자는 안정해서 반응성이 거의 없습니다. 이는 팔전자 규칙을 만족하기 때문이죠.

8족 원소들을 제외한 모든 원자들은 전자가 다 채워지지 않은 빈 오비탈을 가지고 있습니다. 이런 원자들은 불안정하여 전자를 잃거나 얻음으로써 더 안정한 상태(8개의 원자가전자)가 되려고 합니다. 보다 더 큰 분자나 이온도 같은 경향성을 가지고 있죠.

예를 들어 원자가전자가 일곱 개인 염소($:\ddot{\underset{\cdot\cdot}{Cl}}\cdot$)는 또 다른 염소 원자($:\ddot{\underset{\cdot\cdot}{Cl}}\cdot$)와 결합을 형성하여 안정한 염소 분자($:\ddot{\underset{\cdot\cdot}{Cl}}:\ddot{\underset{\cdot\cdot}{Cl}}:$)를 이룹니다. 두 염소 원자는 반응하여 모두 8개 전자를 이루는 형식으로 안정한 분자를 이루죠. 이런 성질이 곧 반응성입니다.

한편, 원자가전자가 한 개인 소듐($Na\cdot$)은 불안정하여 원자가전자 한 개를 쉽게 잃고, 더 안정한 소듐 양이온(Na^+)를 형성합니다. 또 원자가전자가 7개인 염소($:\ddot{\underset{\cdot\cdot}{Cl}}\cdot$)는 전자 한 개를 얻어 8개 전자로 되면서 더 안정한 염소 음이온($:\ddot{\underset{\cdot\cdot}{Cl}}:^-$)이 됩니다. 소듐 양이온과 염소 음이온은 이온 결합을 형성하여 안정한 소금(Na^+Cl^-)을 형성합니다.

반응은
반응식으로 나타낸다

화학 반응을 정량적으로 다루려면, 반응에 포함된 반응물과 생성물 그리고 반응 조건 등 모두에 대해 정확히 알아야 합니다. 반응물과 생성물의 종류, 정확한 상대적인 양(몰 수), 그리고 반응에 필요한 조건을 알아야 한다는 것이죠. 이런 정보는 어디서 얻을 수 있을까요?

화학에서는 반응식으로 이런 정보를 표시하여 이해를 돕습니다. 따라서 먼저 반응식을 정확하게 이해할 필요가 있죠. 그런 반응식 중 하나는 균형 반응식이고, 다른 하나는 열화학 반응식입니다.

균형 반응식balanced equation은 무엇인가요?

균형 반응식은 '질량 보존의 법칙에 맞도록 쓰여진 반응식'입니다. 질량 보존의 법칙에 따르면, 생성물의 총 질량은 반응물의 총 질량과 같아야 합니다. 반응물과 생성물의 상대적인 양에 대한 이런 정보가 균형 반응식에 담겨 있죠.

한편, 반응에는 항상 에너지의 변화가 수반됩니다. 즉, 화학 반응이 일어날지, 일어나지 않을지를 예측하는 데는 반응의 에너지 정보가 필요합니다. 이런 에너지 정보를 나타내는 반응식이 열화학 반응식thermochemical equation입니다. 열화학 반응식은 '반응에 관계되는 에너지 변화(엔탈피 변화)를 나타낸 균형 반응식'입니다.

예를 들어, 반응 엔탈피 값이 음(−)의 값이면 반응은 발열 반응입니다. 만일 1몰의 메테인(CH_4)을 연소시키면 무려 890 kJ의 열이 발생합니다. 이 연소 반응의 반응열은 음(−)의 값을 가집니다. 이를 $\Delta H = -890$ kJ/mol로 표기하죠. 발열 반응에서는 반응물의 엔탈피가 생성물의 엔탈피보다 더 크기 때문입니다.

반응식에 반응의 모든 정보를 담지는 못합니다. 반응이 빠르게 진행되는가? 혹은 느리게 진행되는가? 또 어떤 경로로 진행되는가? 이

반응의 이해에 필요한 정보들은?

균형 반응식: 질량 보존 법칙을 따름
열화학 반응식: 에너지 변화 표시
반응 속도식: 반응이 얼마나 빠르게 진행되는가?
반응 메커니즘: 반응 경로 표시

와 같은 정보들은 반응식만으로는 알 수 없습니다. 그러나 반응 속도 reaction rate 및 반응 중에 분자들이 변화되는 양상을 아는 것은 매우 중요합니다.

화학 반응의 속도에 관한 연구 분야를 화학 반응 속도론chemical kinetics이라고 합니다. 화학 반응 속도론은 화학 관련 산업, 의학, 약학 및 생명과학 분야에 이르기까지 중요한 분야입니다. 화학 반응 속도론은 반응이 어떻게 일어나는지, 그 경로에 대한 정보를 제공합니다. 즉, 반응 과정에 어떤 결합이 어떻게 분해되고, 어떤 새로운 결합이 생성되는가를 이해할 수 있습니다. 이런 반응 과정의 구체적인 표현 방식을 반응 메커니즘reaction mechanism이라고 합니다.

반응 메커니즘은 '분자 수준에서 반응물이 생성물로 변화되는 단계적 과정'을 나타내는 겁니다. 반응 메커니즘의 이해는 중요합니다. 특히 유기 분자의 반응에서 더욱 그렇습니다.

이어서 반응의 이해에 도움이 될 수 있는 내용과 용어들을 더 구체적으로 다루려고 합니다.

충돌해야 반응이 일어난다

화학 반응은 어떻게 해야 잘 일어날까요?

화학자들은 반응이 일어나려면 원자나 분자나 이온 등이 서로 충돌해야 한다고 생각합니다. 반응에 참여하는 전자들이 상호 작용할 수 있는 거리에 있어야 한다는 거죠. 이런 생각을 충돌 이론collision theory이라고 합니다. 이 이론은 농도가 진한 반응물의 반응이 더 빠르다는 사실로 증명할 수 있습니다. 농도가 진하면 용액에 더 많은 화학 물질이 존재하고, 더 자주 충돌할 수 있기 때문이죠. 물론 반응물질들의 충돌만으로 반응이 일어난다는 사실을 온전히 설명할 수는 없습니다.

충돌하는 순간을 한번 생각해 보죠. 반응물 분자가 서로 멀리 떨어져 있으면, 반응이 일어나지 않습니다. 반응 물질들이 서로 가까이 있어 충돌하면, 그 충돌 에너지에 의해 반응물의 반응 자리 결합이 분해되면서 생성물의 새로운 결합이 생성됩니다. 이때 반응물의 결합을 끊을 수 있을 정도의 충분한 에너지가 공급되어야 합니다.

반응이 일어나려면, 분자들이 충돌하는 방향도 중요합니다. 새로운 결합을 형성하기에 유리한 방향으로 충돌이 일어나야 하죠. 이런 충돌을 유효 충돌effective collision이라고 합니다.

예를 들어, 일산화 탄소(CO)와 산소(O_2)가 반응하여 이산화 탄소(CO_2)를 형성하는 반응을 살펴보죠. 분자 수준에서 CO 분자의 산소(O)와 O_2 분자가 충돌하면 산소 원자들의 전자 쌍들이 서로 반발하므로 반응이 진행되지 않죠. 그러나 CO의 탄소(C)와 O_2 분자가 충돌하면, 반응에 유리합니다. CO의 탄소는 부분 양전하($C^{\delta+}$)를 띄고, 산소(O_2) 분자의 산소 원자에는 비결합 전자쌍이 있어 반응이 일어납니다. 유효 충돌이 일어나게 되는 것입니다.

반응이 제대로 일어났는지는 어떻게 쉽게 알 수 있을까요?

반응이 일어나면, 그 결과로 색, 온도, 상태 등이 변하거나 빛이나

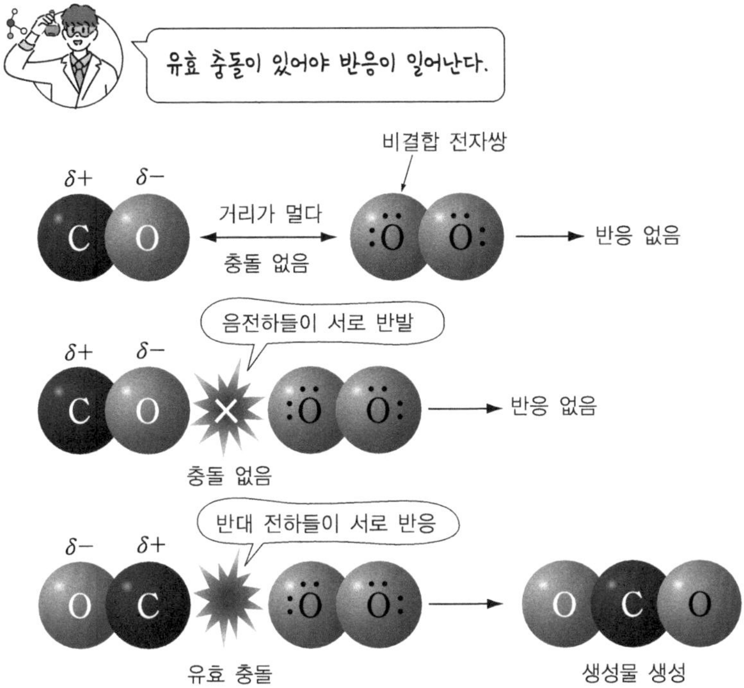

열을 내기도 합니다. 이런 요소들이 반응이 일어났음을 알려주는 지표가 됩니다. 유능한 화학자는 이런 변화를 놓치지 않습니다. 즉, 유능한 화학자는 유능한 관찰자이기도 하죠. 다행스럽게도 반응 진행 여부를 정확하게 관측하는 쉬운 방법들이 많이 알려져 있습니다.

반응은 정량적이다

초기 화학자들은 물질의 연소에 관심이 많았습니다. 예를 들어, 나무를 연소하면 무게와 부피가 감소한 적은 양의 재만 얻을 수 있기 때문이었죠. 고대 화학자들은 이런 연소 반응을 어떻게 설명했을까요?

그 당시에는 기체에 대한 지식이 없었습니다. 따라서 물질은 재와 플로지스톤phlogiston으로 구성되었다고 생각했습니다. 플로지스톤을 가볍고 보이지 않는 일종의 열 성분으로 생각한 것입니다. 플로지스톤이란 말은 그리스어로 '불타는 것'을 뜻하는 말입니다. 따라서 물질이 연소하면 플로지스톤은 날아가고, 재ash만 남는다고 설명했습니다. 이런 개념이 무려 백 년 가까이 받아들여졌죠. 그 때문에 화학의 발전이 늦어진 거죠. 이 이론을 깬 사람은 질량 보존의 법칙을 제안한 라부아지에(Antoine-Laurent de Lavoisier, 1743~1794)입니다.

라부아지에는 밀폐된 유리 용기 속에서 주석(Sn)을 오랜 시간 가열하였습니다. 이 실험으로부터 가열하기 전 후의 주석의 무게 변화가 거의 없음을 알았습니다. 즉, 플로지스톤의 실체가 없다는 거죠. 라부아지에는 반응 물질의 양과 생성 물질의 양은 같아야 한다고 생각했습니다. 이 이론이 질량 보존의 법칙law of conservation of mass입니다.

예를 들어, 나무를 태우면 연소 과정에 생성된 수증기와 이산화

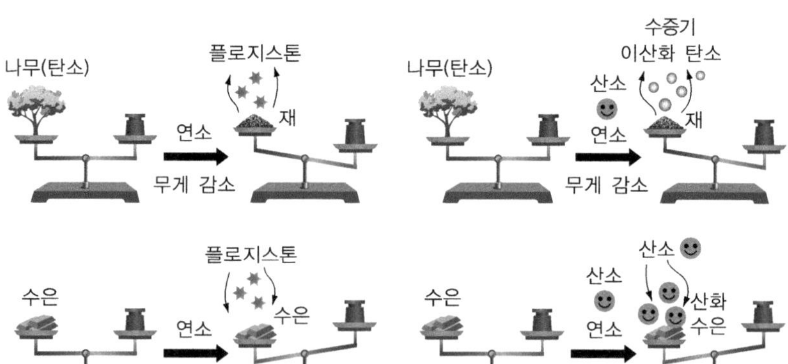

탄소(CO_2)가 기체로 날아가기 때문에 무게가 감소한다고 설명했습니다. 반대로 수은(Hg)을 연소시키면 무게가 증가하는 것은 연소 중에 산소(O_2)와 반응하기 때문이라고 설명합니다.

질량 보존이라는 것은 재와 수증기, 이산화 탄소의 무게를 합치면 처음 나무의 무게와 같아야 한다는 거죠. 또 수은과 연소 과정에 사용된 산소의 양을 합치면 무거워진 산화 수은mercuric oxide(Hg_2O)의 양과 같다고 설명했습니다. 질량 보존의 법칙으로 화학의 새로운 장이 열리게 되었습니다. 화학량론stoichiometry이 시작된 것입니다. 화학량론은 화학 반응에서 소모되거나 생성되는 물질과 그들의 양에 대해 다루는 분야입니다.

화학 반응은 어떤 면에서는 새로운 물질을 창조하는 과정입니다. 화학 반응은 하나 이상의 화학 물질이 반응하여 전혀 새로운 물질이 생성되는 것입니다. 반응이 일어날 때 발생하는 상황을 묘사하기 위해 사용하는 식이 반응식입니다.

혼란을 피하기 위해 반응식은 약속된 방법으로 표기합니다. 반응식을 표기하는 데 원소 기호, 화살표, 숫자 및 기호 등의 화학 언어를 이용합니다.

반응 원료 물질을 반응물reactant이라고 합니다. 반응을 통해 새롭게 만들어진 물질은 생성물product이라고 합니다. 이런 반응 전후의 결과를 화학에서는 반응식으로 나타냅니다. 반응 중에 물질의 색깔이나 상태가 변하기도 하고, 온도와 빛이 방출되거나 흡수되기도 합니다. 그러나 모든 반응은 정량적으로 일어납니다.

여기서 말하는 정량적quantitative이란 말은 '반응에 참여한 반응물의

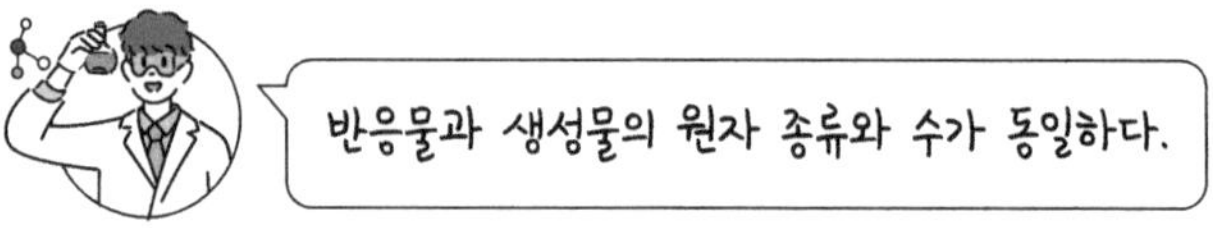

$$\underbrace{CH_4(g) + 2\,O_2(g)}_{\text{반응물}} \longrightarrow \underbrace{CO_2(g) + 2\,H_2O(g)}_{\text{생성물}}$$

반응물 원자 수 = 생성물 원자 수
C(1개), H(4개), O(4개)

화학량론

모든 원자 종류와 수가 생성물에서도 동일하다'는 의미입니다. 반응물에 없던 원자가 생성물에 포함될 수 없다는 것이죠. 반응 중에 원자가 생성되거나 소멸되지 않기 때문입니다.

메테인의 연소 반응을 구체적으로 이야기해봅시다.

이 연소 반응의 반응물은 CH_4와 $2O_2$이고, 생성물은 CO_2와 $2H_2O$입니다. 반응물과 생성물을 구성하는 원소는 C와 H 그리고 O로 동일합니다. 또 각 원소의 숫자도 C(1개), H(4개), O(4개)로 반응물과 생성물에서 동일합니다. 따라서 이 반응은 정량적으로 일어났다고 말할 수 있습니다.

반응은 용액에서 수행하는 것이 유리하다

반응은 어떤 상태에서 잘 일어날까요? 고체 상? 기체 상? 액체 상?

반응은 반응물들이 잘 섞여 있어야 쉽게 일어납니다. 반응물이 모두 고체인 경우는 거의 반응이 일어나지 않습니다. 반응성이 좋은 기체상의 반응물에서는 반응이 일어납니다. 그러나 모두 기체인 경우는 다루기가 불편하죠. 다루기 편하고 유리한 것은 반응물이 모두 액체 상태이거나, 같은 액체에 녹아 있는 경우입니다. 즉, 액체 상태로 반응을 다루는 것입니다. 액체 용액은 반응물의 상호 작용(충돌)에 유리하고, 생성물의 분리 등과 같은 반응 후 처리도 편합니다. 따라서 연구실이나 산업 현장에서는 대부분 액체 용액 반응을 선호합니다.

용액은 어떻게 정의할까요?

용액solution은 '두 가지 이상의 어떤 물질들이 균일하게 녹아 있는 혼합물'을 말합니다. 용액에서 양이 많은 쪽이 용매solvent이고, 적은 쪽이 용질solute입니다. 한 컵의 물에 설탕 한 수저를 녹였다면, 물이 용매이고 설탕이 용질인 거죠. 용질이 용매에 녹아서 균일한 용액이 되는 과정을 용해dissolusion라고 합니다.

대부분의 반응에서는 반응물들이 균일하게 섞이도록 반응물을 액체 용매에 녹여서 진행합니다. 반응이 잘 진행되도록 하기 위해서입니다. 용액 반응에서 반응물과 생성물은 용질에 해당합니다. 이때 반응물과 생성물은 액체일 수도 있고, 고체나 기체일 수도 있습니다.

반응 후에는 용매를 제거하여 원하는 물질들을 회수합니다. 제거되는 용매의 회수와 재사용은 산업 현장에서는 매우 중요합니다. 원가 절감과 환경 오염 문제를 해결하는 데 큰 도움이 되기 때문이죠.

그렇다면, 용액은 모두 액체일까요?

그렇지 않습니다. 용액을 모두 액체인 것처럼 생각하지만, 기체 상

용액이란? 용질이 용매에 녹아 있다.

태 용액과 고체 상태 용액도 있습니다. 공기는 기체 상태 용액이고, 합금은 고체 상태 용액입니다.

어떤 용질이 용매에 녹는 양을 용해도solubility라고 합니다. 물질의 용해도는 온도와 압력(기체의 경우)의 영향을 받습니다. 따라서 용해도는 '특정 온도와 압력에서 완전히 용해되는 용질의 최대 양'으로 정의됩니다. 주어진 조건에서 용질이 더 이상 녹을 수 없는 용액을 포화 용액saturated solution이라고 합니다. 중동 지역에 있는 사해가 바로 자연에 있는 소금 포화 용액의 한 예입니다.

어떤 물질이 물에 녹아 있는 용액을 수용액aqueous solution이라고 합니다. 놀랍게도 지구상의 생명체가 생명을 유지하는 데 필요한 반응은 모두 수용액에서 일어납니다. 지구의 2/3가 물로 덮여 있고, 그 가운데서 진화되었기 때문이죠. 그러나 산업 현장에서 일어나는 대부분의 반응은 물이 아닌 유기 용매 속에서 진행합니다. 산업 폐기물로 나오는 유기 용매는 환경 오염의 주범이기도 합니다.

최근 화학자들은 반응 용매로 물을 사용하는 방법들을 찾고 있습니다. 지구상에 가장 많은 물을 용매로 사용하려는 것입니다. 물은 가장 흔하기도 하지만 끓는점과 녹는점 및 증기압 같은 물리적 성질이 다루기에 적당하다는 장점도 있기 때문입니다.

농도가 용액의 정보를 제공한다

아메리카노 커피 한 잔에는 얼만큼의 카페인이 들어 있을까요?

대략 100~200 mg의 카페인이 들어 있습니다. 아메리카노 커피는 에스프레소보다 묽습니다. 진한 에스프레소가 있으면 취향에 맞도록 적당히 묽혀 먹죠. 이런 경우는 정량적으로 묽히지 않아도 별 문제가 없습니다. 그러나 연구실이나 의료 및 산업현장에서는 그럴 수 없죠.

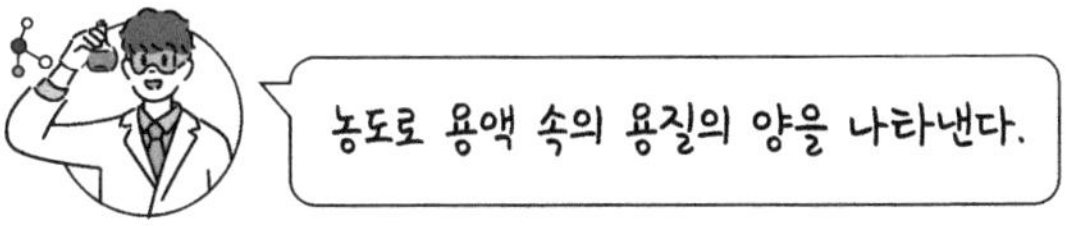

$$\text{농도} = \frac{\text{용질의 양(몰수)}}{\text{용액의 양(L 또는 kg)}}$$

$$\%\ \text{농도} = \frac{\text{용질의 양}}{\text{용액의 양}} \times 100$$

정확한 용액의 부피와 용질의 양을 알아야 합니다. 화학량론적으로 다루려면 용액의 용질에 대한 정량적인 정보가 필요하다는 겁니다.

그렇다면, 용액 속에 녹아 있는 용질의 양은 어떻게 표현할까요?

용액에서 용질의 정량적인 양은 농도concentration로 나타냅니다. 농도는 특정 부피의 용액 속에 녹아 있는 용질의 양입니다. 용질의 양은 몰 수로 나타내고, 용액의 양은 부피(L)나 무게(kg)로 나타낼 수 있습니다.

몰과 리터(L) 단위로 나타낸 농도를 몰 농도molarity(M)라고 하며, 몰과 kg 단위로 나타낸 농도는 몰랄 농도molality(m)라고 합니다. 이들은 용액 반응에서 정확한 양의 반응물을 혼합하고, 묽히거나 양을 구하는 데 편리한 단위들입니다. 화학에서는 몰 농도를 가장 일반적으로 사용합니다.

몰 농도는 온도에 따라 미세하게나마 달라집니다. 용액의 부피가 온도에 영향을 받기 때문이죠. 그러나 몰랄 농도는 온도에 따른 변화가 없으므로, 온도에 민감한 용액의 농도 표시에 유용합니다. 산업 현장에서 자주 사용되는 질량 백분율(%) 농도는 용액 전체 질량에 대한 특정한 용질 성분 질량을 백분율로 나타낸 농도입니다.

농도를 나타내는 식에는 용질의 몰수, 용액의 양과 용액의 농도가 표시됩니다. 만일 이 세 가지 정보 중에서 두 가지를 안다면, 나머지 하나의 정보도 쉽게 알 수 있습니다.

예를 들어, 몰 농도를 알면, 용질의 양을 계산할 수 있습니다. 뿐만 아니라 용액을 묽게 하거나, 농축할 때에 필요한 정보들을 계산할 수 있어 유용합니다. 이런 계산에서 가장 중요한 것은 몰 수입니다.

화학에서 몰 수는 '매직 수'인 셈이죠.

반응식에서 화합물의 몰 수는 화학식의 앞에 숫자로 나타내죠. 용액 반응에서 어떤 반응 물질의 몰 농도를 알면, 반응에 관련된 다른 물질의 화학량론적 값을 얻을 수 있습니다.

예를 들어, 물질 A의 농도가 1몰이라고 합시다. 이 농도 '1몰'이 매직 수입니다. 농도가 1몰(M)이라는 것은 어떤 의미일까요? 물질 A가 용액 1리터 속에 1몰의 질량이 녹아 있다는 것이죠. 즉, 이 물질의 양을 알려줍니다. 물질 A와 B의 균형 반응식이 A + B → 2C라고 해보죠. 물질 A의 양이 모두 반응한다면 생성물 C는 2배로 얻어진다는 것을 알 수 있습니다.

한편, 수소 이온의 농도는 페하로 나타냅니다. 여기서 말하는 페하는 무엇인가요? 페하는 수용액에서 수소 이온의 농도를 나타내는 지수입니다. 이 지수를 기호 pH로 나타냅니다. 이를 독일어 식으로 발음하여 페하가 된 것입니다.

'p'는 '$-\log_{10}$'를 나타내는 약어로 거듭 제곱을 뜻하는 독일어 'Potenz'로부터 유래되었습니다. H는 수소 이온을 뜻하는 것이고요. 일반적으로 pH는 소수 둘째 자리까지 나타냅니다. 이것은 로그 값을 구하는데 사용한 수용액 농도의 유효 숫자가 두 자리이기 때문이죠. pH는 통상 0~14의 값을 가집니다.

왜 ($-\log_{10}$)을 기준으로 나타내려고 했을까요? ($-\log$)는 작은 양의 크기를 정수로 나타내는 데 유용하기 때문입니다.

산과 염기를 구분하는 데 pH를 이용합니다. pH가 7보다 작으면 산성이고, pH가 7보다 크면 염기성, pH = 7이면 중성으로 구분하죠. 강

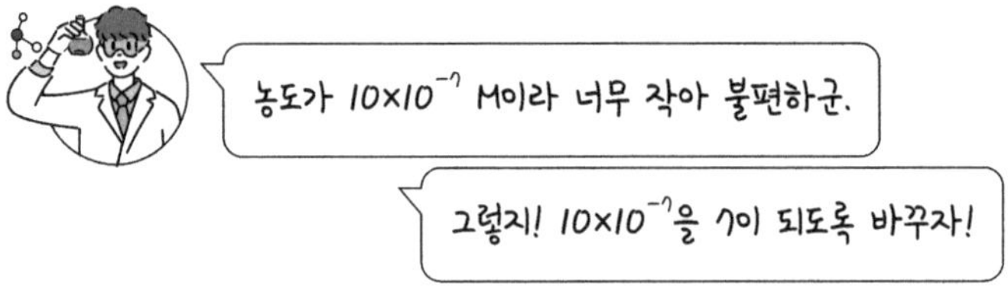

$(-\log_{10}) \rightarrow$ Potenz $\rightarrow$ 'p'

물의 pH 및 pOH

$$
\begin{aligned}
pH &= -\log_{10}[H^+] \\
&= -\log(1.0 \times 10^{-7}) \\
&= -(-7.00) = 7.00 \\
pOH &= -\log_{10}[OH^-] \\
&= -\log(1.0 \times 10^{-7}) \\
&= -(-7.00) = 7.00
\end{aligned}
$$

pH 수소 이온 농도 지수

산의 경우는 pH가 0보다 작을 수도 있고, 강염기의 경우는 14보다 클 수도 있습니다.

사람의 혈액의 페하(pH) 범위는 7.35 ~ 7.45입니다. 만약 혈액의 수소 이온 농도가 이 범위를 벗어나면 생명이 위험해집니다.

수용액의 pH는 유리 전극을 이용하여 만든 pH 미터로 측정합니다. pH는 대부분의 과학, 공학, 의학 및 생명과학, 약학, 환경 과학 분야에서 중요하게 활용됩니다.

반응 속도로 반응성의 크기를 예측할 수 있다

반응성의 크기는 어떻게 알 수 있을까요?

반응 중에는 순식간에 일어나는 빠른 반응도 있고, 수억 년에 걸쳐 진행되는 석회 동굴 형성과 같은 느린 반응도 있습니다. 반응이 일어나는 속도를 반응 속도reaction rate라고 합니다.

반응 속도는 반응성의 크기를 나타냅니다. 반응성이 크면 반응이 빨리 일어납니다. 반응 속도에 영향을 미치는 요인은 물리적 상태, 반응물 농도, 반응 온도 및 촉매 등입니다.

반응 용기 내 분자들의 충돌이 빠를수록 반응도 더 빨리 일어납니다. 그러려면 반응물의 상태가 모두 기체이거나 모두 액체인 것이 유리합니다. 즉, 균일한 용액이 유리합니다. 반응물의 상(상태)이 동일(균일)한 반응을 균일 반응homogeneous reaction이라고 합니다. 또 반응물의 상(상태)이 각기 다른(불균일) 형태의 반응은 불균일 반응heterogeneous reaction이라고 합니다.

반응 속도에 영향을 주는 요인은?

상태: 균일 용액이 유리하다.
농도: 진하면 빠르다.
온도: 흡열 반응이라면 고온일수록 빠르다.
촉매: 촉매가 있으면 빠르다.

반응물 농도도 반응 속도에 영향을 줍니다. 농도가 진할수록 반응은 더 빨리 진행됩니다. 농도가 증가하면 반응물들의 충돌 횟수가 더 많아지기 때문입니다.

반응 온도가 높아지면 또한 반응물 간의 충돌 횟수도 증가합니다. 따라서 반응 속도는 온도가 올라 갈수록 더 빨리 일어납니다. 온도가 높으면 분자들의 운동 에너지가 더 커지고, 그에 따라 반응도 빨라집니다.

마지막으로는 촉매catalyst의 존재 여부입니다. 촉매가 있으면 반응이 빨리 진행됩니다. 촉매는 반응 과정에 자신은 소비되지 않으면서 반응 속도를 증가시키는 물질입니다. 촉매는 반응물이 생성물로 되기 위해 극복해야 하는 에너지 장벽을 낮춤으로써 반응을 촉진합니다. 생명체에서는 효소enzyme가 이런 촉매 작용을 합니다. 효소는 모든 반응이 생체 온도에서 일어나도록 반응을 촉진하죠. 놀라운 촉매입니다.

나노 크기의 화학 반응으로 거시적인 반응을 이해할 수 있다

오늘날 DNA, RNA 및 거대한 생체 효소 단백질의 다양한 기능들이 상당 부분 밝혀지고 있습니다. 이같이 큰 분자들을 어떻게 이해할 수 있을까요?

큰 분자 전체의 기능을 이해하려면 구성 원소들을 이해해야 합니다. 구성 원소들을 이해한 뒤에 점차 범위를 넓혀서 분자 전체를 들여다보는 방식으로 이해의 폭을 넓힙니다. 흔히 말하는 다운–업 방식으로 물질을 고찰하는 것이죠. 따라서 매우 작은 미시 세계를 들여다봐야 합니다. 원자나 분자나 이온은 매우 작아서 광학 현미경으로는 볼 수 없습니다.

분자들이 일으키는 나노 크기의 화학 반응에서 물질의 양적 변화를 아는 것은 실제 산업에서도 매우 중요합니다. 화학 반응에서 양적 변화를 다루는 데 몰 수와 몰 질량이 매우 유용합니다. 몰 수와 몰 질량을 이용하면, 미시적인 나노 크기 반응을 거시적인 크기의 반응으로 확대해서 이해하고 다룰 수 있습니다.

화학 반응에서 한 반응물의 양을 다른 반응물의 양과 관련 짓는 것은 실험실이나 생산 현장에서 매우 중요합니다. 특정 반응의 균형 반응식을 이용하면 반응에서 각 물질의 상대적인 변화량을 알 수 있습니다.

우리가 사용하는 에탄올ethanol(CH_3CH_2OH)은 공업적으로 에텐ethene($CH_2=CH_2$)과 물(H_2O)을 1:1로 반응시켜 만듭니다. 즉, 에텐 1몰과 물 1몰을 반응시키면, 에탄올 1몰을 생성한다는 것을 알 수 있는 거죠.

이 내용이 균형 반응식에 나타나 있습니다. 만일 에탄올 138.21 g을 만들려면 에텐은 얼마나 필요할까요? 먼저 에탄올의 몰수를 알아야 합니다. 에탄올의 분자량은 46.07입니다. 따라서 필요로 하는 138.21 g을 에탄올 분자량으로 나누면 3몰에 해당함을 알 수 있습니다. 따라서 에텐도 3몰이 필요합니다. 에텐의 분자량은 28.5이므로 필요한 에텐의 양은 85.5 g입니다.

$$CH_2 = CH_2 + H_2O \rightarrow CH_3CH_2OH$$

에탄올 138.21 g을 만드는 데 필요한 에텐의 양은 다음과 같이 계산합니다.

3몰×에텐 몰 질량 = 3 mol × 28.5 g/mol = 85.5 g(필요한 에텐의 양)

분자 수준으로 이야기해 볼까요?

에텐 3분자와 물 3분자를 반응시키면, 3분자의 에탄올을 만들 수 있습니다. 만일, 에텐 3분자와 5분자의 물을 반응하면, 더 많은 에탄올이 만들어질까요? 그렇지 않습니다. 에텐 분자가 3개이므로 물이 더 많이 들어가도 에탄올은 3분자만 만들 수 있습니다. 생성물인 에탄올의 양은 적게 들어간 에텐의 양에 의해 결정되는 겁니다.

이처럼 생성물의 양을 결정하게 되는 시약(여기서는 에텐)을 한계 시약limiting agent이라고 하고, 더 들어간 물은 초과 시약excess reagent이라고 합니다. 초과 시약을 많이 쓸수록 비경제적인 반응이 됩니다. 원가가 많이 들어가기 때문이죠. 화학에서도 최적의 효율성을 추구합니다. 때문에 현대 과학에서는 지속 가능한 물질과 방법을 찾기 위해 노력합니다.

제11강

화학 반응은 다양하다

화학 반응의 종류에는 무엇이 있으며 반응의 종류를 구분하는 기준은 무엇일까요?

반응은 반응이 일어날 때 결합의 형태나 원자들의 위치가 어떻게 되는가에 따라 구분합니다. 많은 반응을 결합의 형성과 분해, 그리고 원자나 이온들의 치환과 교환으로 설명할 수 있습니다. 반응의 종류는 크게 결합 반응, 분해 반응, 치환 반응 및 교환 반응으로 구분할 수 있습니다

결합 반응combination reaction은 '두 가지 이상의 반응물이 반응하여 하나의 생성물을 생성하는 반응'을 말합니다. 결합 반응의 특징은 생성물의 수가 반응물보다 적어진다는 거죠. 결합 반응을 일반식으로 표현하면 A + B → C의 형태로 쓸 수 있습니다

예를 들어, 수소(H_2) 2분자와 산소(O_2) 1분자가 반응하여, 2분자의 물(H_2O)을 생성하는 반응은 결합 반응입니다. 이 반응식은 다음과 같이 쓸 수 있습니다.

$$2H_2 + O_2 \rightarrow 2H_2O$$

이와 반대로 하나의 반응물이 두 가지 이상의 생성물을 생성하는 반응은 분해 반응decomposition reaction이라고 합니다. 반응물의 수보다 더 많은 생성물이 얻어진다는 것이 분해 반응의 특징입니다. 분해 반응을 일반식으로 표현하면 A → B + C의 형태로 쓸 수 있습니다.

예를 들어, 탄산 칼슘calcium carbonate($CaCO_3$)의 분해 반응의 반응식은 다음과 같습니다.

$$CaCO_3 \rightarrow CaO + CO_2$$

반응물인 탄산 칼슘을 가열하면, 산화 칼슘calcium oxide(CaO)과 이산화 탄소(CO_2)가 생성됩니다. 이 반응은 하나의 반응물에서 2종류의 생성물이 생성된 분해 반응입니다.

치환 반응과 교환 반응은 유사한 듯하지만, 엄연히 다르므로 구별됩니다. 치환 반응substitution reaction은 '반응물 분자의 한 원자나 원자

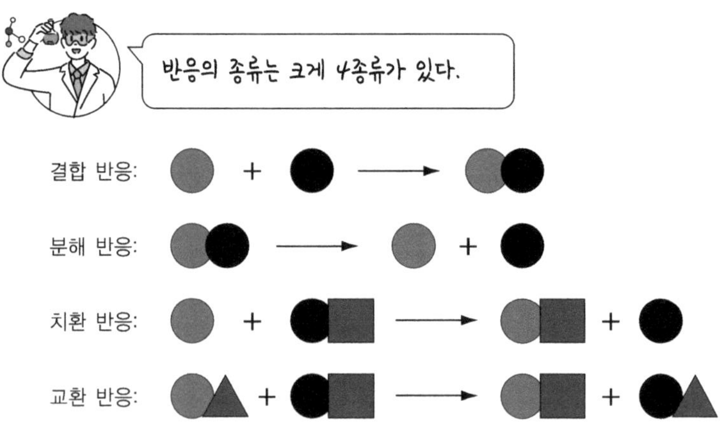

단이 다른 원자나 원자단으로 치환되는 반응'입니다.

예를 들어, 벤젠benzene(C_6H_6)에 염소화 반응을 시키면 클로로벤젠chlorobenzene(C_6H_5Cl)이 됩니다. 이 반응은 벤젠의 수소(H) 한 개가 염소(Cl)로 치환된 반응입니다.

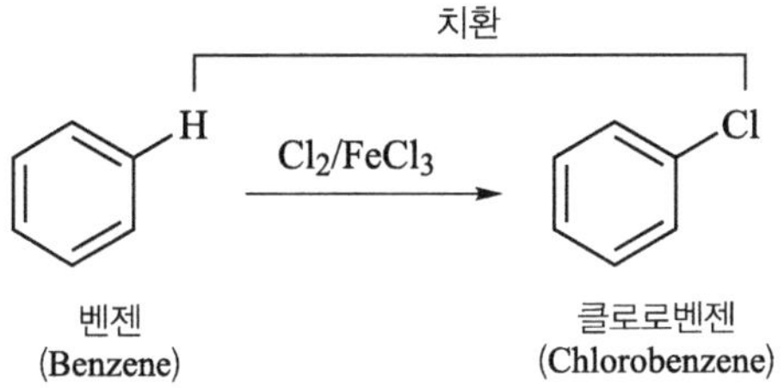

교환 반응exchange reaction은 '반응물 분자 사이에서 일부(원자 또는 원자단)가 서로 교환되는 반응'입니다. 각 반응물 관점에서는 각각이 치환 반응을 한 거죠. 그래서 복치환 반응double displacement이라고도 합니다. 또 다르게 보면 원자들이 서로 자리를 바꾼 것이기도 합니다. 이런 관점에서 일종의 자리 전환 반응이기도 합니다.

예로, 질산 은($AgNO_3$) 수용액과 소금(NaCl) 수용액을 섞으면 염화 은(AgCl)의 하얀 앙금이 생성되면서 질산 소듐($NaNO_3$) 수용액이 형성됩니다. 소금에 있던 '염소(Cl)'가 은(Ag)과 결합하고, 은과 결합되었던 'NO_3'는 '소듐(Na)'과 결합한 겁니다. 서로 교환된 거죠.

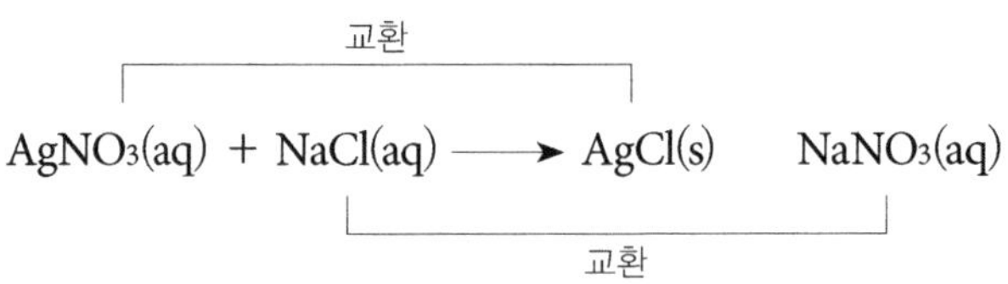

산화-환원 반응은 전자 전달 반응이다

산화-환원 반응은 어떤 반응일까요?

산화-환원 반응reduction-oxidation reaction은 반응물과 생성물이 전자를 잃거나 얻는 반응입니다. 이러한 산화-환원 반응은 우리 주변에서 흔하게 일어나는 반응입니다.

반응 중에 전자를 상실하면 '산화되었다'고 합니다. 반대로 전자를 얻으면 '환원되었다'고 합니다. 산화-환원 반응에서는 양전하와 음전하가 항상 균형을 이루어야 하므로 산화와 환원은 항상 동시에 일어납니다.

예를 들어, 소듐(Na) 원소와 염소(Cl_2) 기체가 산화-환원 반응을 하면 소금(Na^+Cl^-)을 형성합니다. 중성이었던 소듐 원자가 산화되어(전자를 잃음) Na^+ 이온이 되고, 염소 원자는 환원되어(전자를 얻음) 염소 음이온(Cl^-)이 됩니다.

산화-환원 반응에서 다른 물질을 산화시키는 물질을 산화제oxidant, 다른 물질을 환원시키는 물질을 환원제reductant라고 합니다. 산화제는 다른 물질이 전자를 쉽게 잃게 하고, 자신은 전자를 받아서 환원이 되죠. 반면에 환원제는 다른 물질에 전자를 제공하여 환원시키고, 자신은 산화가 됩니다. 따라서 산화-환원 반응에서는 전자 이동에 대한 정확한 이해가 필요합니다.

산화-환원 반응에서의 전자 이동은 산화수oxidation number•로 나타

• 산화수: 산화-환원 반응 생성물의 각 원자가 가지는 전하 수

산화–환원 반응의 특징은 뭘까?

산화란?

전자를 잃는다.
산화수가 증가한다.
산소와 결합한다.
수소를 잃는다.
예: – 녹이 슨다.
– 부패한다.

환원이란?

전자를 얻는다.
산화수가 감소한다.
산소를 잃는다.
수소를 얻는다.
예: – 녹슬지 않는다.
– 신선하다.

내며, 이를 산화 상태라고도 합니다. 원자가전자를 잃으면 산화되고, 산화수는 증가합니다. 또 원자가전자를 얻으면 환원되고, 산화수는 감소하죠.

산화–환원 반응에서는 종종 이온 반응식이나, 알짜 이온 반응식을 쓰는 것이 이해에 도움이 됩니다. 많은 산화–환원 반응은 수용액에서 일어나며 대부분 이온 반응입니다. 이런 이온 반응에는 실제로 반응에 참여하는 이온들과 반응에 참여하지 않는 이온들로 구분되죠. 반응에 참여하지 않는 이온들을 구경꾼 이온spectator ion이라고 하죠. 구경꾼 이온은 실제로 반응에 참여하지 않으므로 반응물과 생성물에서 동일하게 발견됩니다. 다르게 말하면, 구경꾼 이온은 반응식의 왼편과 오른편에서 동일하게 표시되죠. 따라서 산화–환원 반응식에서 이들을 제거해도 큰 문제가 없습니다. 구경꾼 이온이 제거된 반응식을 알짜 이온 반응식이라고 합니다. 즉, 알짜 이온 반응식net ion equation은 '반응에 실제로 참여하는 이온들로만 나타낸 반응식'입니다.

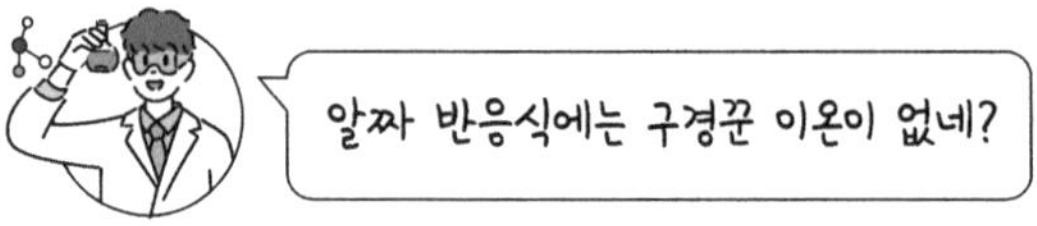

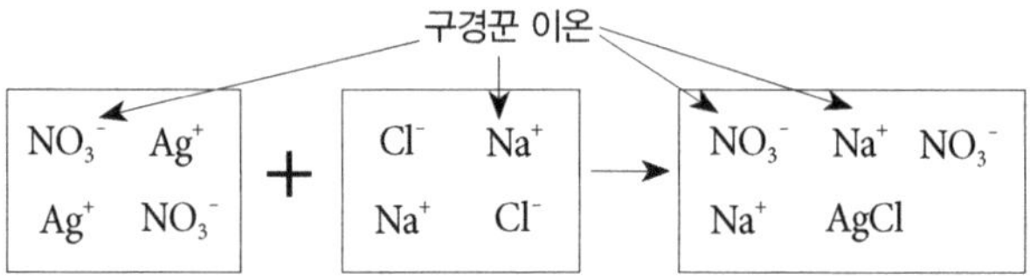

$Ag^+ + Cl^- \longrightarrow AgCl$ 알짜 이온 반응식

- 산화 반쪽 반응 → 전자 상실
- 환원 반쪽 반응 → 전자 획득

(반쪽 반응)

산화-환원 반응을 더 잘 이해하는 방법은 산화 과정과 환원 과정을 따로 나눈 반쪽 반응식half reaction equation을 이용하는 겁니다. 먼저 전 과정을 산화와 환원의 반쪽 반응식으로 나누고, 반응식의 균형을 맞춥니다. 그런 다음 두 반쪽 반응식을 합하여 완전히 균형이 맞추어진 알짜 이온 반응식을 만듭니다.

부식corrosion도 산화-환원 반응의 일종입니다. 부식 반응은 금속이 주위의 어떤 물질(특히 산소나 물)과 반응하여 원하지 않는 산화-환원 반응을 일으키는 것입니다. 대표적으로 철이 부식되어 녹스는 것이 그 예입니다.

전지는 산화-환원 반응을 이용한다

다급한 일로 휴대폰을 사용하려고 할 때 배터리의 전기가 모두 소진

되었다면 어떨까요?

오늘날 우리는 일상 생활에서 다양한 전자 기기의 에너지원으로 전지(배터리)를 사용합니다. 전지battery cell는 화학 에너지를 전기 에너지로 변환하는 데 이용하는 장치입니다. 전지는 독립적인 전기 에너지원입니다. 그래서 우리는 휴대용 전지를 편리하게 사용할 수 있습니다.

전지의 기본 원리는 산화–환원 반응을 이용하는 겁니다. 앞서 설명했듯이 산화–환원 반응에서는 전자가 산화되는 원자로부터 환원되는 원자로 전달됩니다. 과학자들은 이 전자 전달 과정에서 전자(전기)를 빼내어 사용하는 기술을 개발했고, 그것이 곧 전지가 되었습니다. 볼타 전지voltaic cell나 갈바니 전지galvanic cell 등이 대표적입니다.

전류는 높은 전위에서 낮은 전위로 흐릅니다. 높은 전위의 전기를 낮은 전위로 이동시키려는 힘을 기전력electromotive force, emf이라고 합니다. 즉, 기전력은 '전자를 흐르게 하는 힘'이죠. 전지의 기전력이 소멸되면 사용할 수 없습니다.

전지는 화학 에너지를 전기 에너지로 바꾸는 장치이죠. 이들의 핵심 작동 원리는 '산화–환원 반응'입니다. 서로 다른 두 금속에서 한쪽은 전자를 잃는 산화 반응이 일어나고, 동시에 다른 한쪽은 그 전자를 얻어 오는 환원 반응이 일어납니다. 이 과정을 통해 두 금속 사이에서 전자가 이동하며 전기가 흐르게 됩니다. 배터리는 하나 또는 둘 이상의 볼타 전지로 구성된 독립적인 전기 에너지 원입니다.

예를 들어, 손전등에 사용하는 1.5볼트(V) 전지는 한 개의 볼타 전지입니다. 자동차용 축전지처럼 더 큰 전압이 필요할 때는 여러 개의 볼타 전지를 연결해서 만듭니다.

전지는 용도에 따라 적합하게 만들어져 있죠. 가능한한 오래 사용할 수 있으면 좋겠지만, 어떤 전지는 전지의 기전력이 떨어지면 재사용할 수 없습니다. 또 어떤 것은 재충전하여 다시 사용할 수 있는 것도 있습니다. 재충전할 수 없는 전지를 일차 전지primary cell라고 하며, 재충전하여 다시 사용할 수 있는 전지는 이차 전지secondary cell라고 합니다.

대부분의 일차 전지는 알칼리 배터리입니다. 이 배터리의 산화 전극은 진한 수산화 포타슘potassium hydroxide(KOH) 용액과 분말 아연 금속으로 구성되어 있습니다. 알칼리 금속인 포타슘이 포함되어 있기 때문에 알칼리 배터리란 이름을 갖게 되었죠. 이 배터리는 재충전할 수 없어 환경 오염의 범인이 되기도 합니다.

오늘날 휴대폰이나 많은 휴대용 전자 기기에 사용되는 배터리는 재충전이 가능한 리튬 이온 전지lithium ion battery입니다. 리튬 이온 전지는 다른 배터리들에 비해 단위 전지당 생성되는 전압이 더 높습니다. 또한 단위 부피당 에너지 저장량도 높다는 장점도 있습니다.

자동차용 납-산 배터리lead-acid battery는 2볼트(V)짜리 전지 6개로 구성되어 있어, 모두 12볼트(V)의 용량을 가집니다. 이 배터리는 산화 및 환원 전극이 모두 황산(H_2SO_4) 용액에 담겨 있고, 재충전할 수 있습니다. 납-산 배터리는 믿을 만하고 값이 싸지만, 에너지 밀도가 너무 낮아 전기 자동차에는 사용할 수 없습니다. 따라서 전기 자동차에는 개량된 리튬 이온 배터리를 사용합니다.

한편 전기분해electrolysis도 일종의 산화-환원 반응입니다. 그러나 비자발적인 반응입니다. 자발적으로는 산화-환원 반응이 일어나지 않는 계에, 임의로 전기 에너지를 가하여 반응을 일으켜 물질을 분해하는 방법입니다. 전기분해에서도 산화와 환원 반응은 동시에 일어납니다. 또 전체적으로 흐르는 전류도 같습니다. 일상에서 전기분해는 부식의 방지나 전기도금에 이용합니다.

유기물에서는 첨가 반응과 제거 반응도 일어난다

탄소–탄소 불포화 결합에 반응물을 첨가시켜 포화 화합물을 만들 수 있습니다. 이런 반응을 첨가 반응addition reaction이라고 하죠. 또 포화 화합물에서 일부 화학종을 제거하여 불포화 결합을 만들 수도 있습니다. 이런 반응을 제거 반응elimination이라고 합니다.

에텐($H_2C{=}CH_2$)에 HCl 분자를 첨가시켜, 클로로에테인($ClH_2{-}CH_3$)을 만들 수 있습니다. 반대로 클로로에테인에서 HCl을 제거하여 다시 에텐으로 만들 수도 있습니다. 유기 화합물에서는 이런 유형의 반응이 흔하게 일어납니다.

어떻게 첨가 반응과 제거 반응이 가능할까요?

유기 화합물의 주요 구성 원소인 탄소는 다른 원자 최대 4개와 결합할 수도 있고, 다른 원자 3개 또는 2개 원자와 공유 결합을 할 수도 있습니다. 한 탄소 원자가 다른 원자 4개와 결합하면 '포화되었다saturated'고 하고, 4개보다 적은 3개나 2개 원자와 결합하면 '불포화되었다unsaturated'고 말하죠.

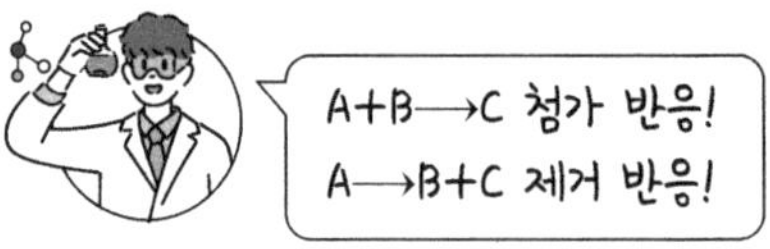

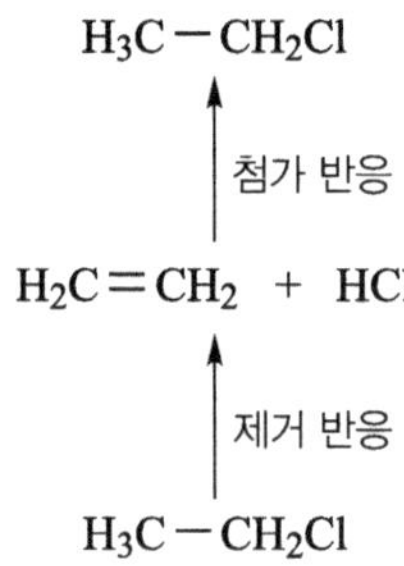

포화된 탄소 원자는 4개의 단일 결합으로 다른 원자와 결합합니다. 이를 포화 결합saturated bond이라고 합니다. 불포화된 원자들은 이중 결합(C=C) 또는 삼중 결합(C≡C) 형태를 하고 있습니다. 따라서 탄소-탄소 이중 결합 또는 삼중 결합 등을 불포화 결합unsaturated bond이라고 합니다.

불포화 결합에 2개 또는 4개의 화학종을 첨가하면, 포화 화합물이 될 수 있습니다. 이중 결합에는 2개의 화학종을, 삼중 결합에는 4개의 화학종을 첨가시키면 포화 화합물로 변환됩니다. 이처럼 불포화 결합에 화학종들이 첨가되어 포화 결합으로 되는 반응을 첨가 반응이라고 합니다.

제거 반응은 첨가 반응의 정반대 과정입니다. 포화 반응물에서 2개의 원자가 제거되어 불포화 결합을 형성하는 반응입니다. 포화 결합에서 한 번의 제거 반응이 일어나면 이중 결합이 형성됩니다. 또 이중 결합에서 제거 반응이 한 번 더 일어나면 삼중 결합이 형성됩니다.

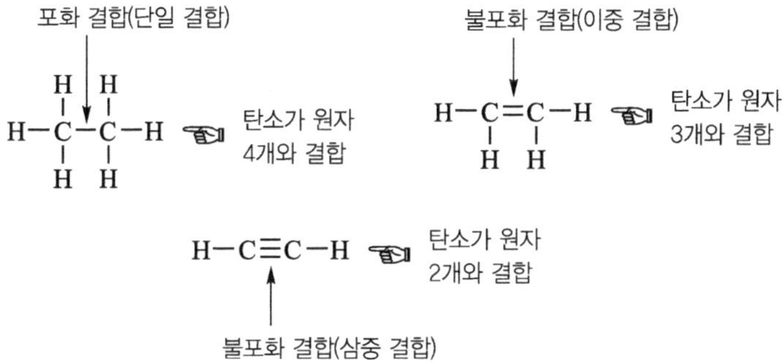

산과 염기는 중화 반응을 한다

생선의 비린내를 없애려면 레몬즙을 뿌리죠. 또 위산이 너무 많이 나와 불편할 때 제산제를 먹습니다. 레몬즙과 위산은 산성 물질입니다. 또 생선의 비린내 성분인 트리메틸아민trimethylamine[$N(CH_3)_3$]과 제산제antacid는 염기성 물질입니다.

생선 비린내를 없애고, 위산과다증이 좋아지는 것은 무엇 때문일까요? 즉, 산성 물질과 염기성 물질이 만나면 어떻게 될까요?

산acid과 염기base는 가정과 산업체에서 흔하게 사용되는 물질들이며, 생물의 체액 중에서도 중요한 물질입니다. 예를 들어, 염산(HCl)은 위산의 주성분이기도 하고, 공업용으로도 널리 사용되는 강한 산성 물질입니다.

산은 무기산inorganic acid과 유기산organic acid으로 구분할 수 있습니다. 비금속 원소를 포함하는 염산(HCl), 질산(HNO_3), 황산(H_2SO_4), 인산(H_3PO_4) 등은 무기산이라고 합니다. 또 유기 화합물 중에서 산의 특성을 나타내는 물질은 유기산이라고 합니다. 유기산으로는 아세트산(CH_3COOH), 개미산(HCOOH), 아스코르브산($C_6H_8O_6$) 등이 있습니다. 아스코르브산이 흔히 말하는 바이타민 C입니다. 지방산도 유기산입니다. 그러나 탄산(H_2CO_3)은 무기산으로 분류합니다.

산과 염기가 반응하면 각각의 특성을 상실합니다. 산 용액과 염기 용액을 섞으면 빠르게 반응하여 염salt이라고 하는 중성 물질이 생성됩니다. 이 반응을 중화 반응neutralized reaction이라고 합니다. 중화 반응은 산과 염기의 대표적인 반응입니다.

염산(HCl)과 수산화 소듐(NaOH)의 반응을 예로 들어 보죠. 염산(HCl)은 염기인 수산화 소듐의 HO^- 이온에 H^+를 주면서 물(H_2O)을 생성하고, 염기인 염소 음이온은 소듐 양이온(Na^+)과 반응하여 소금(NaCl)을 형성합니다. 산성 물질과 염기성 물질이 반응하여 물과 중성 물질을 생성한 것입니다.

산과 염기가 반응하면 짝산과 짝염기가 생긴다.

중화 반응은? 산 + 염기 → 염

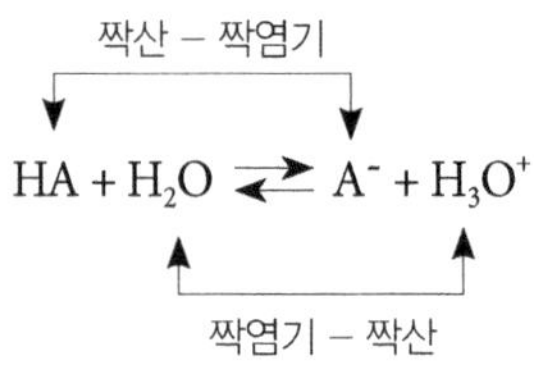

산-염기 반응 과정에서 새롭게 생성되는 산은 짝산conjugate acid, 새로 생성된 염기는 짝염기conjugate base라고 합니다.

아세트산(H_3CCOOH)과 물(H_2O)의 반응을 예로 들어보죠. 이 반응에서 아세트산 음이온(CH_3COO^-)은 아세트산의 짝염기입니다. 또 H_3O^+는 물의 짝산이 됩니다.

여기서 짝conjugate의 의미는 무엇일까요? 앞에서 물이 아세트산과 정방향 반응을 하면, 물의 짝산(H_3O^+)과 아세트산의 짝염기(CH_3COO^-)가 생성되죠. 만일 이 짝산과 짝염기가 역으로 반응을 일으키면, 다시 반응 전의 염기성인 물과 산인 아세트산이 됩니다. 산-염기 반응에서의 산과 염기들의 이런 관계를 짝이라는 단어로 나타낸 겁니다. 서로의 상대 물질인 셈이죠.

과다한 위산을 줄이는 데 의학적으로는 제산제를 사용합니다. 이 제산제는 위산의 주 성분인 염산을 중화시킬 수 있는 수산화 이온(HO^-), 탄산 이온(CO_3^{2-}), 탄산수소 이온(HCO_3^-)과 같은 염기 성분이 포함되어 있습니다. 이들 염기가 위산과 반응하여 산을 중화시킴으로 위산과다증이 완화됩니다.

제12강

유기 분자는 스마트하다

화학은 창조 과학인가?

예, 그렇습니다. 특별히 유기 화학은 '화학은 창조 과학'이라고 말할 수 있게 합니다. 유기 화학 연구 분야 중에는 우리가 필요로 하는 물질을 만들어 내는 분야가 있습니다. 이런 연구 분야를 유기 합성organic synthesis이라고 합니다. 19세기 이후에 유기 합성 기술은 놀라울 만큼 발전하였습니다. 오늘날에는 자연에 존재하는 물질뿐만 아니라, 자연에는 존재하지 않는 전혀 새로운 물질도 창조할 수 있습니다. 그래서 화학이 창조 과학인 것이죠.

우리가 흔하게 사용하는 의약품 중에는 자연에는 없는 물질들이 많습니다. 진통 해열제로 사용하는 아스피린aspirine과 타이레놀tylenol을 예로 들 수 있습니다. 아스피린은 그 자체로는 자연에 존재하지 않습니다. 그러나 아스피린 합성 전구체precusor인 살리실산salicylic acid은 자연에서 얻을 수 있습니다. 아스피린은 버드나무에 있는 살리실산에 아세트산 무수물acetic anhydride을 반응시켜 합성한 약품입니다. 즉, 자연은 살리실산을 만들 수는 있지만 아스피린은 만들지 못합니다. 타이레놀도 역시 합성 의약품입니다. 사람의 창조품인 셈이죠.

합성 기술의 발달로 탄소 수십 개로 이루어진 거대 고리 분자도 합

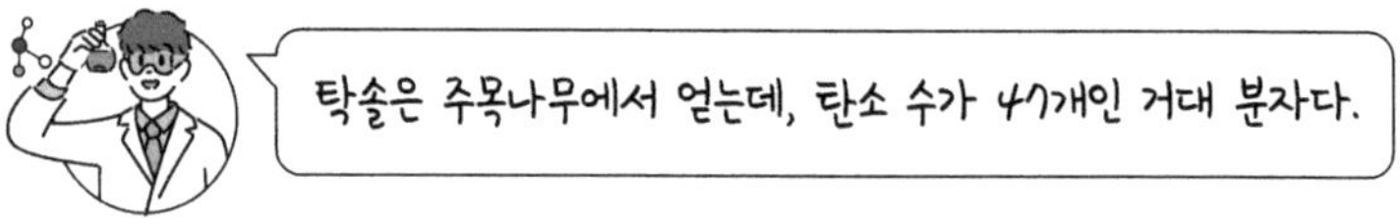

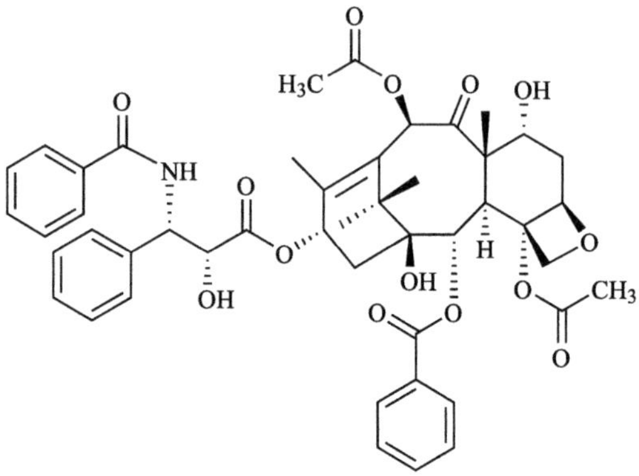

$C_{47}H_{51}NO_{14}$

탁솔의 분자 구조

성해냅니다. 주목 나무로부터 분리된 탁솔taxol이라는 항암제를 예로 들 수 있습니다. 탁솔은 분자식이 $C_{47}H_{51}NO_{14}$인 거대하고 복잡한 유기 분자입니다. 놀랍게도 합성 화학자들은 이들을 합성할 줄 압니다. 물론 자연의 합성법과는 다른 방법으로 합성하지요.

유기 물질은 탄소 원자를 주축으로 만들어진 유기 분자로 구성되어 있습니다. 이런 유기 물질은 식물과 동물 그 외의 다양한 생명체의 주된 구성 성분입니다. 어떤 면에서 보면 자연의 다양성과 아름다움이 있게 하는 데 유기 분자가 관여한다고 볼 수 있습니다. 자연의 주된 구성 성분인 탄소와 유기 분자에 포함된 다양한 작용기로 인해 자연 또한 다양성을 가질 수 있게 된 것이죠.

작용기는 마술 손이다

작용기는 유기 분자를 스마트하게 만드는 마술 손입니다. 왜 작용기를 유기 분자의 마술 손이라고 할까요?

유기 분자에 작용기가 없으면 할 수 있는 일이 별로 없기 때문입니다. 따라서 작용기를 유기 분자의 마술 손이라 생각하는 거죠. 동일한 작용기는 화학적으로 유사한 반응성을 가집니다. 따라서 하나의 작용기 특성을 알면, 같은 작용기를 포함하고 있는 분자들의 거동도 예측할 수 있죠. 분자들의 특성을 미루어 안다는 것은 매우 중요합니다.

포화 탄화수소인 알케인을 제외하고는 모든 유기 화합물 계열은 하나 이상의 작용기를 가지고 있습니다. 유기 분자의 반응 자리는 작용기에 포함된 원자들 중 하나입니다. 분자의 주요 반응은 작용기에서 일어납니다.

왜, 그리고 어떻게 그럴 수 있을까요?

이유는 유기 분자의 작용기가 곧 반응하기에 유리한 전자적 환경을 갖추고 있는 부분이기 때문입니다. 반응이 일어나려면 적합한 전자적 상황과 에너지 조건을 갖추어야 합니다. 반응에 필요한 이들 두 가지 환경 중에서 전자적 상황이 더 중요합니다. 전자적 상황이 적합하지 않으면, 훨씬 더 많은 에너지 환경이 요구되거나 아예 반응하지 않습니다.

반응에 적합한 환경이 되면, 반응물들은 어떻게 거동할까요?

두 물질이 반응하는 첫 단계는 둘이 서로 가까이 접근하는 것입니다. 그래야 반응 자리 원자들의 전자들이 서로 영향을 미칠 수 있기 때문이죠. 물론 접근했다고 해서 모두가 반응하지는 않습니다. 두 물질이 전자적 상호 작용을 통해 이끌릴 수 있어야 합니다. 그러기 위해서는 반응 자리 원자의 전자가 부족하던가, 아니면 풍부해야 합니다.

반응은 전자가 부족한 원자와 전자가 풍부한 원자 사이에서 일어납니다. 두 원자가 서로 상호 작용하는 순간이 곧 반응의 시작입니다. 반응 과정에 반응물의 결합이 분해되고 생성물의 결합이 형성됩니다. 반응을 통해 반응물은 더 안정한 생성물로 되면서 전자가 재배치됩니다. 따라서 생성물의 에너지 준위는 반응물의 에너지 준위보다 항상 더 낮습니다. 반응 후에 남는 여분의 에너지는 열이나 빛으로 방출되죠.

탄소-탄소 이중 결합과 삼중 결합 이외의 작용기들의 전자 구름 분포는 균일하지 않습니다. 즉, 극성 결합을 가지고 있어 반응이 쉽게 일어납니다. 극성 결합을 가지는 분자들을 극성 분자polar molecule라고 합니다. 극성 작용기들은 또한 분자 상호 간의 작용력에도 관여합니다.

예를 들어, 에탄올(CH_3CH_2OH)의 O-H 결합의 전자 구름은 산소 쪽으로 치우쳐 있고, 수소에는 적게 분포되어 있습니다. $O^{\delta^-}-H^{\delta^+}$ 형태의 극성 결합인 거죠. 산소(O)가 부분적으로 음전하(δ^-)를 띠므로 에탄올은 양전하를 띠는 화학종(δ^+), 즉 산성 물질과 반응할 수 있습니다. 반대로 부분적으로 양전하를 띠는 수소(H)의 존재로 인해 에탄올은 음전하를 띠는 화학종(δ^-), 즉 염기성 물질과도 반응할 수 있습니다.

에탄올의 O-H 작용기는 분자 간 수소 결합을 합니다. 이런 수소 결합이 분자량이 유사한 알케인 분자보다 알코올이 더 높은 끓는점

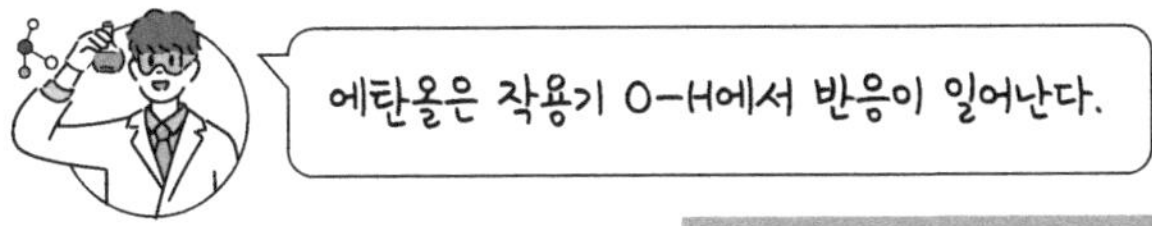

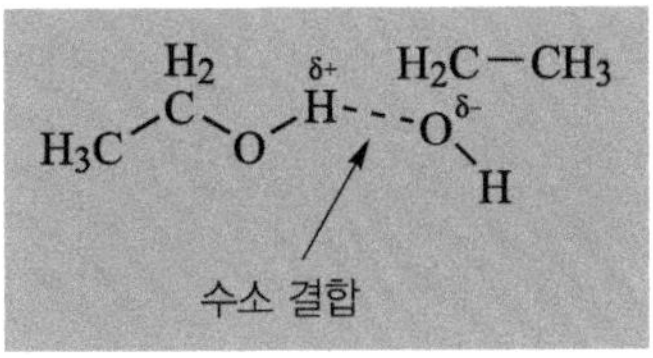

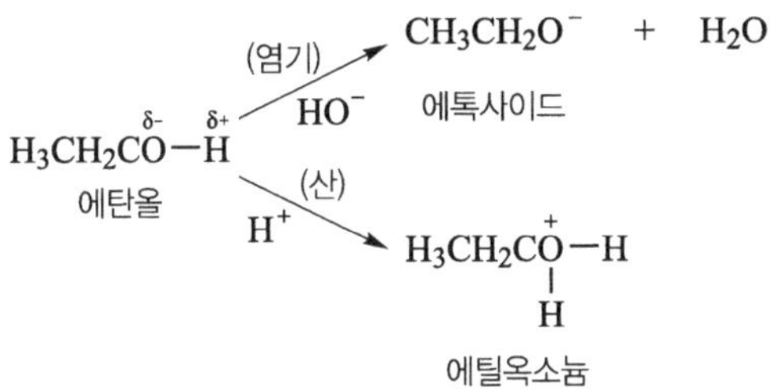

을 가지게 합니다. 에탄올의 이런 성질과 반응성은 OH 작용기를 가지는 다른 알코올 화합물에서도 적용됩니다. OH 작용기는 알코올 계열의 마술 손인 셈이죠.

작용기별로 체계화하면 편리하다

자연과 생활에서 이용되는 물질들에는 엄청난 수의 유기 물질이 포함됩니다. 수가 많은 것만큼 유기물들의 성질과 구조와 역할도 매우 다양합니다. 따라서 유기물을 다루는 것은 매우 복잡하고 혼란스럽게 느껴지죠. 실제로 화학을 전공하는 학생들도 유기 화학을 매우 어려워

합니다.

화학자들은 유기 분자를 어떻게 다루고 이해할까요?

다행스럽게도 같은 작용기를 포함하고 있는 분자들은 유사한 특성을 나타냅니다. 따라서 개별적으로 다루기보다는 작용기별로 체계화하여 다루는 것이 편리합니다. 이런 이유로 모든 유기 화학 교과서가 기초 이론을 제외하고는 작용기별로 서술되어 있습니다. 유기 화학에서 작용기에 대한 이해는 절대적이라고 할 수 있습니다.

가장 단순한 작용기 계열은 탄소와 수소만을 포함하고 있는 탄화

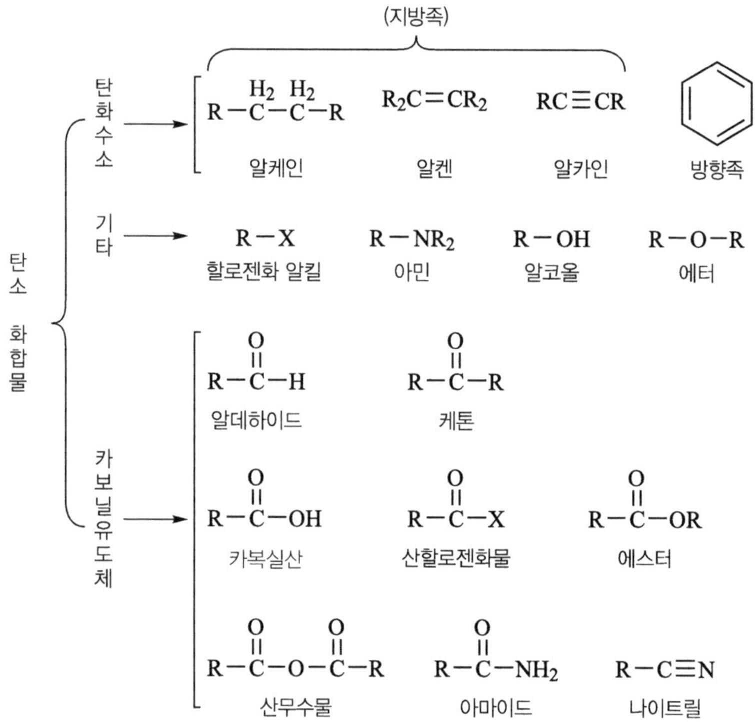

탄소 화합물 작용기

수소hydrocarbon 계열입니다. 탄화수소는 크게 지방족 탄화수소aliphatic hydrocarbon와 방향족 탄화수소aromatic hydrocarbon로 한 번 더 구분합니다.

지방족 탄화수소에는 알케인alkane, 알켄alkene 및 알카인alkyne 계열이 있습니다. 알케인은 일반식이 C_nH_{2n+2}로 쓰이며, 탄소-탄소 단일 결합(C-C)만을 포함하고 있는 포화 탄화수소입니다. 알켄의 일반식은 C_nH_{2n}이며, 알카인의 일반식은 C_nH_{2n-2}로 나타냅니다. 이들은 알케인보다 적은 수의 수소를 갖고 있는 불포화 탄화수소입니다. 알켄은 C=C 이중 결합이 있고, 알카인은 C≡C 삼중 결합을 갖습니다.

탄화수소의 다른 작용기를 가지는 화합물로는 알코올alcohol, 에터ether, 아민amine 및 할로젠화 알킬alkyl halide 등이 있습니다. 나이트릴nitrile 기를 제외한 모든 카복실산carboxylic acid과 그 유도체, 알데하이드aldehyde, 케톤ketone은 카보닐기carbonyl group(C=O)를 가지고 있습니다.

작용기가 다르면 반응성만 다른 것이 아니라 약리 작용도 다르고, 생체 반응도 다릅니다. 마약성 진통제인 모르핀은 2개의 OH기와 하나의 3° 아민 고리, 하나의 고리형 에터 작용기로 이루어져 있습니다. 모르핀이 진통 작용을 일으키려면 이들 작용기가 존재해야만 합니다.

도파민은 사람의 운동기능 조절에 필요한 물질입니다. 파킨슨 병은 도파민 생성이 감소하여 발생하는 질환입니다. 이 도파민 또한 2개의 OH기와 하나의 아민기 그리고 벤젠 고리를 가지고 있습니다.

아스피린과 타이레놀은 진통 소염제로 쓰입니다. 그러나 서로 다른 작용기를 가지고 있습니다.

진통제

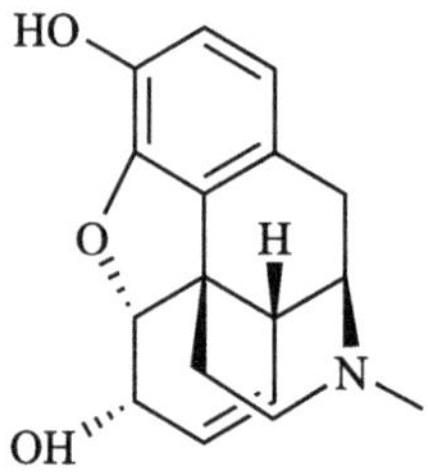

모르핀
(Morphine)

파킨슨병 원인 물질

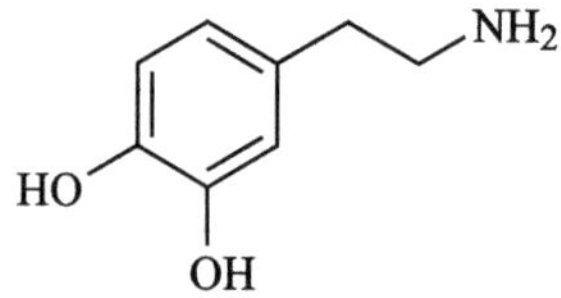

도파민
(Dopamine)

진통 소염제

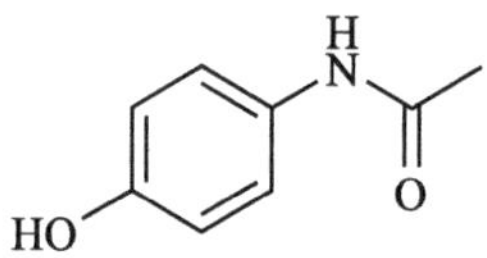

타이레놀
(Tyrenol)

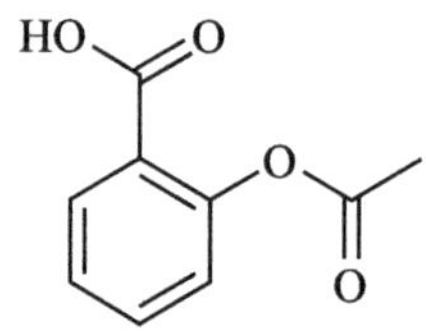

아스피린
(Aspirin)

하나의 구조식으로 표현할 수 없는 유기 분자도 있다

자연의 모든 유기 물질을 각기 하나의 구조식으로 나타낼 수 있을까요?

그러지 못합니다. 자연에는 하나의 간단한 루이스 구조로 표현할 수 없는 화합물도 있습니다. 비결합 전자쌍이나 다중 결합(π 전자)을 가지고 있는 분자 중에는 2개 이상의 루이스 구조를 가질 수도 있습니다. 그러나 어느 구조도 실제 구조가 아니죠. 이 루이스 구조 각각은 공명 구조resonance structure라고 합니다. 공명 구조는 ↔ 모양의 화살표를 구조 사이에 표시해서 나타냅니다. 다르게 말하면 각 공명 구조로는 실제 구조를 표현하지는 못하지만, 공명 혼성체resonance hybrid로 실제 분자에 가장 유사하게는 표현할 수 있습니다.

공명 구조는 화합물의 골격(시그마 결합 유지)은 같지만, 파이 전자나 비결합 전자의 전자 배열만 다른 구조들입니다. 공명 구조는 이성질체가 아닙니다.

공명 구조를 최초로 도입한 분자는 벤젠(C_6H_6)입니다. 벤젠은 3개의 이중 결합을 갖지만 일반적인 알켄과는 다른 독특한 반응성을 나타냅니다. 벤젠이 나타내는 것과 같은 특성을 방향족성aromaticity이라고 하며, 유사한 성질을 보이는 계열 물질을 방향족aromatics이라고 합니다. 방향족 탄화수소는 벤젠처럼 방향족성을 가지는 화합물들입니

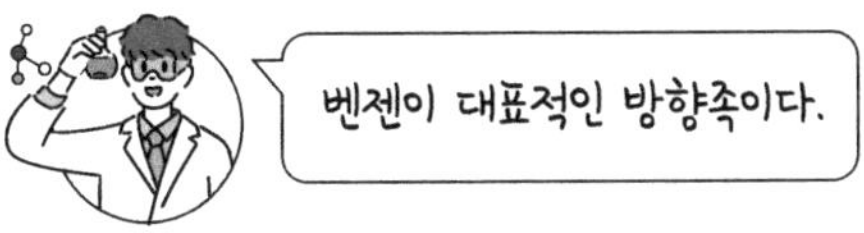

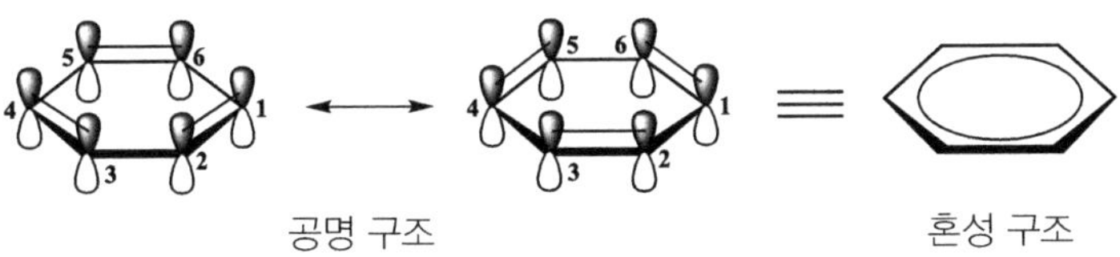

벤젠이 방향족성을 갖는 이유

- 고리, 평면 구조이다.
- 이중 결합이 교대로 있다.
- 파이 전자 수가 6개이다.
- p 오비탈이 모두 같은 방향이다.
- 두 구조가 동일 물질이다.

벤젠의 공명 구조

다. 방향족 물질은 방향족성 때문에 다른 알켄보다 더 안정하며, 또한 특별한 반응성을 보입니다.

벤젠은 6개 탄소가 평면 고리를 이루며, 이중 결합과 단일 결합이 교대로 있습니다. 또 성질이 같은 6개 p 오비탈이 모두 같은 방향으로 배열되어 있죠. 따라서 이중 결합이 순간적으로 각기 다른 이웃 탄소와 결합할 수 있습니다. 두 구조는 동일 물질을 나타낸 것이지만, 그 어느 구조도 실제 벤젠을 대표하지는 못합니다. 따라서 화학자들은 혼성체 고리에 원을 그려 파이 결합이 6개 탄소에 고루 분포하고 있음을 표시한 겁니다.

모든 물질은 거울상이 있다

자연의 모든 사물은 거울상을 그릴 수 있죠. 그렇다고 그 거울상이 실제로 존재할까요? 실상과 거울상 물체가 공존하는 물질들이 있습니다. 실상과 거울상이 동일하다면 두 물체는 완전히 포개지겠죠. 그러나 동일하지 않으면 포개지지 않습니다.

예를 들어, 왼손을 거울에 비추면 거울상은 오른손 모양이 됩니다. 그러나 왼손과 오른손은 다릅니다. 어떻게 다르다는 것을 알 수 있죠?

오른손 손등이 왼손 바닥에 오도록 포개어 보세요. 오른손과 왼손은 포개어지지 않습니다. 왼손과 오른손은 다릅니다. 그래서 왼손 장갑을 오른손에 끼면 불편하죠. 오른손과 왼손의 이런 관계를 손대칭성 또는 카이랄성chirality이라고 합니다.

자연에는 이런 카이랄성을 갖는 물질들이 실제로 존재합니다. 생명 현상의 이해를 위해서는 특히 유기 분자들의 실상과 거울상 관계인 이 카이랄성을 주목해야 합니다.

이런 카이랄성 관계에 있는 분자는 분자식과 작용기 모두 동일하지만 다만 3차원 공간 배열만 다릅니다. 이들을 거울상 이성질체 enantiomer라고 합니다. 거울상 이성질체들은 빛에 대한 성질과 특정한 생체 반응성 등이 다릅니다.

거울상 이성질체의 반응성 차이는 어디에 기인할까요? 이 이성질체 분자들은 단지 3차원 공간 배열이 다르다는 것이 원인입니다. 그러면 왜, 어떻게 다를까요? 또 자연에서 어떻게 나타날까요?

먼저 한 개의 탄소를 가지는 메테인methane을 살펴봅시다. 메테인 분자의 3차원 모양은 정확히 정사면체 모양입니다. 탄소가 정사면체의 중앙에 위치하고, 사면체의 각 꼭짓점에는 수소 원자가 위치하고 있습니다. H−C−H의 결합각은 각각 109.5°입니다.

메테인처럼 탄소가 결합한 4개의 치환기가 동일하면, 실상과 거울상이 서로 완전히 포개어집니다. 즉 동일한 물질이므로 구분되지 않습니다. 이런 분자들은 카이랄성을 보이지 않습니다.

그렇다면 탄소에 결합된 4개 치환기가 모두 다른 경우에는 어떨까요?

이런 분자의 실상과 거울상은 서로 포개어지지 않습니다. 이 둘은 카이랄성을 가지는 서로 다른 물질이며, 서로의 거울상 이성질체입니다. 거울상 이성질체의 조건은 탄소의 4개 치환기가 모두 다르고, 또한 분자 내 대칭면symmetric plane이 없어야 합니다.

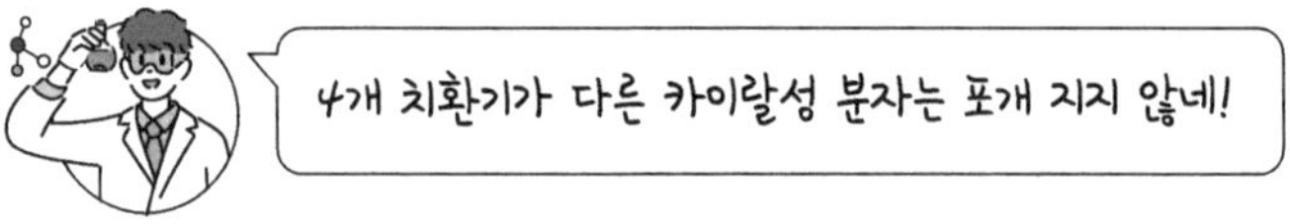

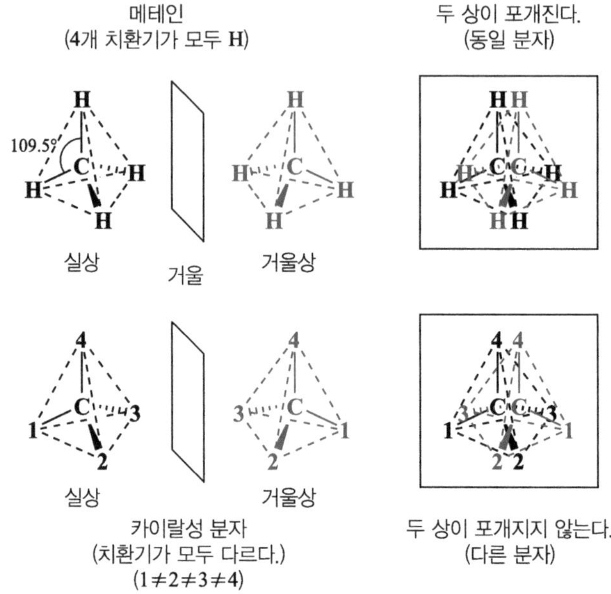

카이랄성 분자

4개의 다른 치환기와 결합한 탄소를 카이랄 중심chiral center 또는 입체 발생 중심stereogenic center이라고 합니다. 또 카이랄 중심이 존재하는 분자를 카이랄 분자chiral molecule라고 하죠. 메테인과 같이 카이랄 중심이 없는 분자는 비카이랄 분자achiral molecule라고 합니다.

카이랄 분자의 성질은 어떠할까요?

두 거울상 이성질체들의 녹는점, 끓는점, 용해도 및 밀도 같은 물리적 성질은 서로 같습니다. 그러나 평면 편광을 회전시키는 방향이 서로 다릅니다. 회전시키는 각의 절대 값은 동일하고 방향만 서로 다

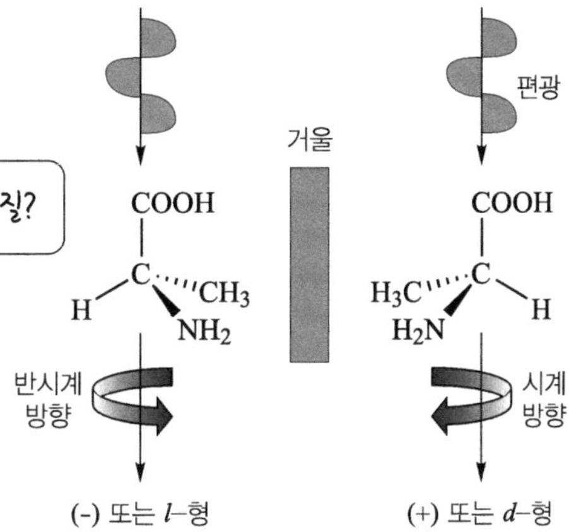

릅니다.

이런 편광 회전 성질을 기호(+, −, *d*, *l*)를 이름에 덧붙여 구분합니다. 편광의 회전 방향이 시계 방향이면 (+) 또는 *d*–거울상 이성질체라고 합니다. 반대로 편광의 회전 방향이 시계 반대 방향이면 (–) 또는 *l*–거울상 이성질체라고 합니다.

거울상 이성질체의 명명에서는 (*R*/*S*)–명명법•이 이용됩니다. 이름 앞에 붙여지는 (*R*–) 및 (*S*–) 기호는 빛의 회전성과는 관련이 없다는 점에 유의해야 합니다.

거울상 이성질체의 반응성을 살펴보죠. 같은 분자의 두 거울상 이성질체가 비카이랄 분자와 반응한다면, 반응 속도에는 차이가 없습니다. 그러나 카이랄 시약과 반응하면, 각각의 반응 속도가 달라집니다.

- (*R*/*S*)–명명법: 4개 치환기의 우선 순위를 정하고, 우선 순위가 시계 방향이면 (*R*)–형, 시계 반대 방향이면 (*S*)–형으로 구분하여 명명함. 치환기 우선 순위는 '칸–인골드–프레로그 순위 규칙'에 따라 할당한다.

동식물을 포함한 생명체에 있는 거의 모든 분자가 카이랄 분자입니다. 큰 생체 카이랄 분자의 경우, 많은 수가 존재할 수 있을 것 같지만, 자연에서는 거의 하나씩의 이성질체만이 발견됩니다.

왜 그럴까요?

자연은 매우 경제적이고, 효율적인 방법을 선택하고 이용합니다. 만일 여러 개의 거울상 이성질체가 존재한다면, 자연계는 훨씬 더 혼란스러울 겁니다. 예를 들어, 단백질 분해 효소인 카이모트립신 chymotrypsin은 무려 251개의 카이랄 중심을 가지고 있습니다. 그러나 오직 하나의 카이모트립신 이성질체만 만들고, 이것만을 이용합니다.

자연으로서는 매우 경제적이고 효율적인 방법인 셈이죠. 효소는 카이랄 분자이므로, 자신의 입체 화학적 요구 조건과 일치하는 물질과만 반응하는 거죠. 거울상 이성질체가 바로 자연이 선택할 때 사용하는 선택성의 언어인 것입니다.

제13강

생체 분자는 기능성이 있다

화학은 실험실이나 연구실에서만 일어나지 않습니다. 자연은 물론 우리의 몸도 실험실입니다. 사람이 걷고, 생각하고, 말할 때조차도 수많은 화학 반응이 수반되고 있습니다. 생존을 위한 에너지는 체내의 화학 반응에 의해 공급됩니다. DNA로부터 유전자를 전달하는 것도 화학적 거동에 의해 이루어집니다.

생명체들의 생존에 필요한 필수 원소들은 대략 30개 정도입니다. 사람 몸무게의 65%는 산소(O), 18%는 탄소(C), 10%는 수소(H), 3%는 질소(N), 1.5%는 칼슘(Ca), 1.2%가 인(P), 각각 0.2%의 칼륨(K), 염소(Cl), 황(S) 그리고 0.1%의 소듐(Na)이 차지합니다. 그 외에도 헤모글로빈hemoglobin, 바이타민 및 효소들이 철(Fe), 아연(Zn), 코발트(Co), 아

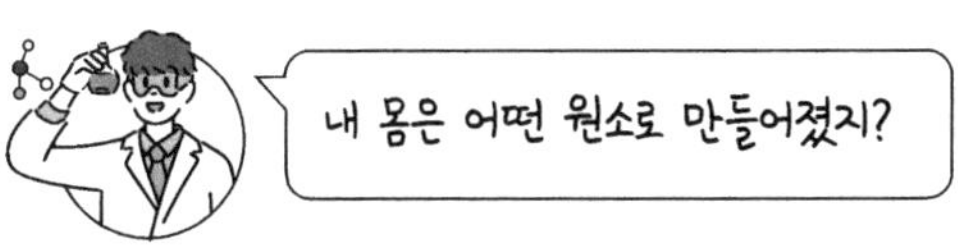

산소 65%	탄소 18%	수소 10%
질소 3%	칼슘 1.5%	인 1.2%
포타슘, 염소, 황(각 0.2%)		소듐 0.1%

미량원소: 철, 아연, 코발트, 아이오딘, 플루오린 등

이오딘(I)과 플루오린(F) 등의 미량 원소들을 포함하고 있습니다.

생명체들은 탄수화물, 지질, 아미노산 및 핵산의 4가지 생체 분자에 크게 의존합니다. 탄수화물은 탄소, 수소 및 산소 원자로 이루어져 있습니다. 예외로 아미노 당amino sugar은 질소 원소도 포함하고 있습니다. 탄수화물은 하이드록시기(−OH)를 여러 개씩 가지고 있는 알데하이드 또는 케톤류입니다.

지질도 탄소, 수소 및 산소가 주 원소로 이루어져 있습니다. 그러나 세포벽을 형성하는 인지질phospholipid에는 이 원소들 외에도 인과 질소가 포함되어 있습니다. 지질의 수많은 탄소−탄소 결합과 탄소−수소 결합이 물 대신 유기 용매에 잘 녹게 합니다.

아미노산은 탄소, 수소, 산소 및 질소로 구성된 물질이며, 이웃 탄소에 카복시기(COOH)와 아미노기(NH_2)를 가지고 있습니다. 또 아미노산의 2번 탄소는 아미노기를 가지며, 카이랄 탄소입니다. 따라서 아미노산은 거울상 이성질체가 존재합니다. 아미노산의 카이랄 탄소 배열이 효소나 다른 단백질의 선택성을 발휘할 수 있게 하는 근원입니다. 아미노산으로 구성된 단백질은 아미노산의 이런 특성을 고스란히 간직하고 있습니다.

효소는 생화학 반응 촉매다

우리 몸에서 일어나는 반응은 저절로 일어날까요? 적어도 우리가 느끼기에는 그렇습니다. 음식물을 섭취하면 자연스럽게 소화됩니다. 음식물의 소화로 에너지와 영양소도 얻습니다. 만일 섭취한 음식물을 접시에 그대로 섞어 두면 어떨까요? 당연히 아무런 변화가 없습니다. 그러나 더 많은 시간이 지나면 상하거나 썩겠죠.

사람의 몸속에서 일어나는 반응은 어떻게 자연스럽게 일어날 수 있을까요? 그것도 36.5℃의 체온 조건에서 말이죠. 이 정도의 온도에서 자발적으로 일어나는 반응들은 흔하지 않습니다. 이런 체내 반응은 온전히 효소enzyme 덕분입니다.

효소는 생화학 반응의 촉매catalyst입니다. 자발적인 반응을 제외하고, 모든 반응은 반응성을 증가시키는 촉매를 필요로 합니다. 촉매는 단지 반응의 활성화 에너지만을 낮추어 반응을 촉진합니다. 그러나 자신은 반응물의 일부가 되지는 않죠.

놀랍게도, 효소는 자신이 반응해야 하는 물질뿐만 아니라 또한 반응 자리도 정확히 찾아냅니다. 다양한 물질이 존재하는 체내에서 효소는 어떻게 반응 대상만을 찾아낼 수 있을까요? 그 비밀의 열쇠는 효소를 구성하고 있는 아미노산이 가지고 있습니다.

효소 분자의 이런 선택 기능은 각 아미노산의 카이랄성 때문에 가능합니다. 효소는 α-아미노산으로 만들어진 단백질이죠. 단백질은 카이랄성의 거대 분자입니다. 효소가 반응을 일으키려면, 우선 기질(반응 물질)이 효소 표면에 부착되어야 하죠. 이때 효소 분자는 기질 분자의 카이랄 탄소에 결합된 4개 치환기 중 3개 치환기를 이용하여 구분합니다. 그러기 위해 효소는 이들을 구분할 수 있는 독특한 입체화학적 구조를 이룹니다. 이렇게 해서 만들어진 반응 자리를 효소의 활성 자리active site라고 합니다.

효소는 이 활성 자리의 입체 구조에 적합한 기질 분자들과만 반응하여 효소–기질 복합체를 형성합니다. 다른 구조를 갖는 기질 분자와는 반응할 수 없는 거죠. 하나의 맞는 열쇠만이 자물쇠를 열 수 있는 것과 같은 원리입니다. 효소로서는 이 방법이 반응물을 구별할 수 있는 완벽한 구별법인 셈이죠.

효소 표면의 활성 자리가 (*S*)–이성질체가 반응할 수 있도록 되어 있다면, (*R*)–이성질체와는 반응할 수 없습니다. 이처럼 효소는 실험실에서 사용하는 일반적인 촉매와는 다르게, 한 가지 화합물(기질이라고 함)의 특정 반응만을 촉진시킵니다. 이를 효소의 특이성enzyme specificity이라고 합니다. 물론 효소마다 특이성은 다릅니다.

실험실에서 강산이나 강염기 조건에서 몇 시간을 끓여야 하는 반응이라도, 체내에서는 적절한 효소가 있으면 1초도 채 되지 않는 시간에 종결됩니다. 예를 들어, 다당류를 분해시키는 글리코사이드 분

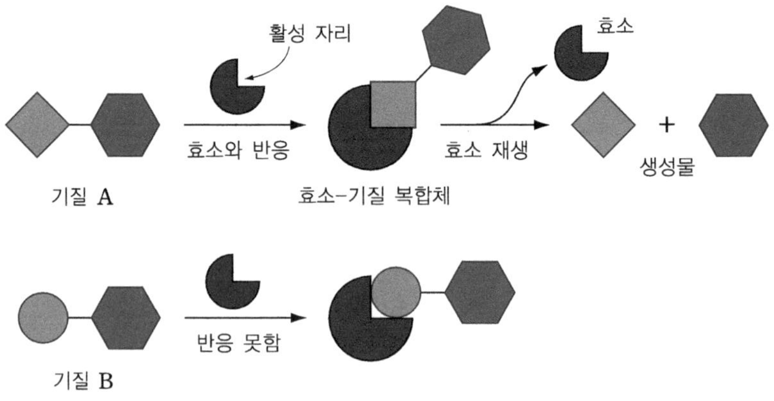

효소는 기질 반응을 활성화한다

해 효소는 자연에서 수백만 년 걸리는 다당류 가수 분해 반응을 불과 10^{-3}초로 단축시킬 수 있습니다.

탄수화물은 모든 생명체에 있다

탄수화물carbohydrate은 생명체의 주요 에너지원이며, 또한 생명체의 중요한 구성 물질입니다. 따라서 녹말 또는 당으로 불리는 탄수화물은 살아 있는 모든 생명체에 존재합니다. 식물이나 나무 줄기의 셀룰로스cellulose나 새우 같은 갑각류 껍질의 키틴chitin도 복잡한 구조의 탄수화물입니다. 또 설탕이나 포도당도 탄수화물입니다.

글루코스같은 작은 분자의 탄수화물은 수용성입니다. 광합성에 의해 만들어지는 탄수화물은 생체에서 화학 에너지의 창고 역할을 합니다. 햇빛 에너지가 결합 에너지로 변화되어 축적되는 겁니다. 탄수화물은 소화되어 세포가 필요로 하는 에너지를 전달합니다. 체내에서 요구되는 에너지량보다 많은 에너지가 생성되면 지방으로 저장합니다.

작용기로 알데하이드기(RCHO)를 가지는 탄수화물은 알도스aldose라고 하며, 케톤기($R_2C=O$)를 포함하고 있는 탄수화물은 케토스ketose라고 합니다. 탄수화물은 흔히 가수 분해되었을 때 생성되는 당의 수에 따라 단당류monosaccharide, 이당류disaccharide, 다당류polysaccharide 등으로 분류합니다.

단당류는 하나의 당으로 구성되며, 이당류는 2개의 당, 다당류는

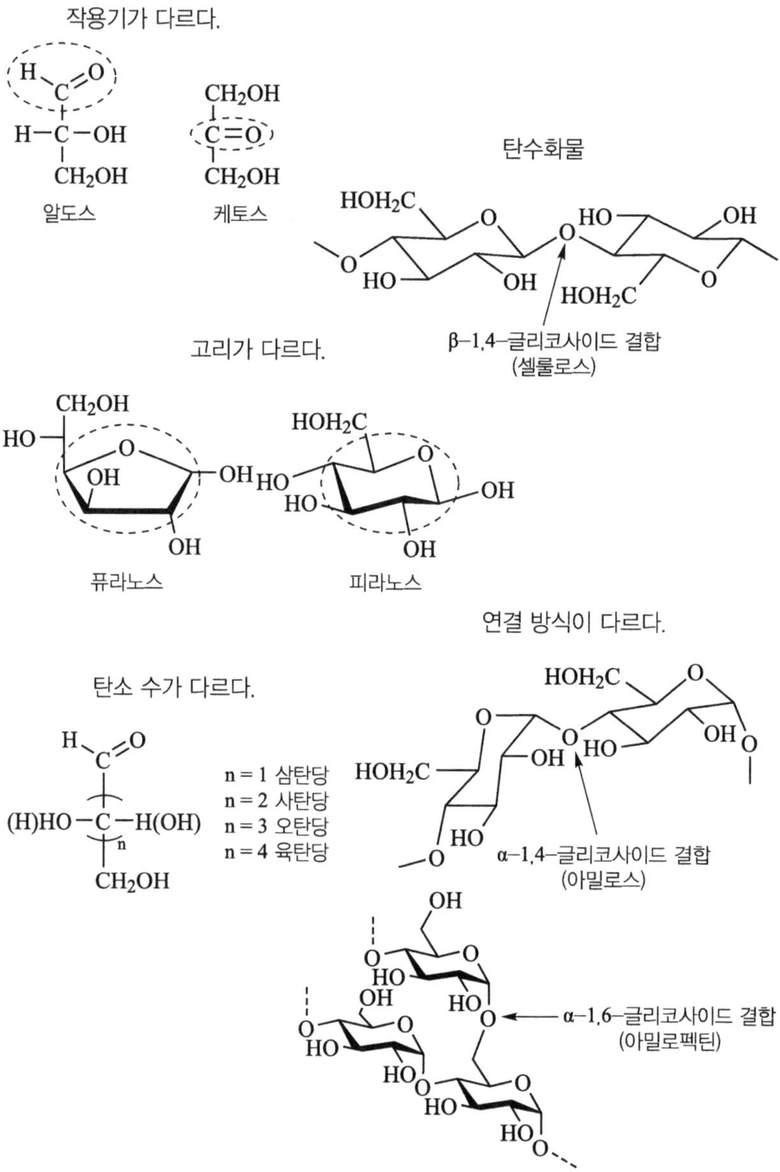

작용기가 다르다.
알도스
케토스
탄수화물
β-1,4-글리코사이드 결합
(셀룰로스)
고리가 다르다.
퓨라노스
피라노스
연결 방식이 다르다.
탄소 수가 다르다.
n = 1 삼탄당
n = 2 사탄당
n = 3 오탄당
n = 4 육탄당
α-1,4-글리코사이드 결합
(아밀로스)
α-1,6-글리코사이드 결합
(아밀로펙틴)

많은 수의 단당류가 결합된 탄수화물입니다. 이당류와 다당류 사이의 크기를 가지는 탄수화물을 올리고당oligosaccharide으로 따로 분류하기도 합니다.

단당류는 포함하는 탄소 수에 따라 삼탄당triose, 사탄당tetrose, 오탄당pentose 및 육탄당hexose으로 구분하기도 합니다. 글루코스는 분자식이 $C_6H_{12}O_6$이므로 탄소가 6개인 육탄당입니다.

단당류는 탄소가 5개인 오탄당 또는 6개인 육탄당이 대부분이죠. 이당류와 다당류는 2개 또는 그 이상의 단당류 분자가 글리코사이드 결합glycosidic bond으로 서로 연결되어 있어 쉽게 가수분해됩니다.

글리코사이드 결합은 두 단당류가 C−O−C 형태로 연결하고 있는 결합입니다. 우리가 식용으로 섭취하는 설탕은 글루코스와 프룩토스가 글리코사이드 결합으로 연결된 이당류입니다. 다당류는 커다란 분자들이며, 만 개 이상의 단당류로 구성되어 있습니다. 대표적인 다당류로는 셀룰로스, 녹말, 글라이코젠glycogen이 있습니다.

천연에서 발견되는 대부분의 구조 탄수화물과 저장 탄수화물은 다당류입니다. 섭취된 탄수화물은 분해, 변형되어 최종적으로는 육탄당인 글루코스 상태로 우리 몸에서 이용되죠.

녹말과 셀룰로스는 가장 널리 존재하는 다당류입니다. 녹말은 식물의 에너지 저장원이고, 셀룰로스는 식물의 잎, 줄기 등의 구조를 형성하는 데 이용됩니다. 두 탄수화물의 이런 기능성 차이는 무엇에 기인할까요? 당들 간에 이루어지는 글리코사이드 결합의 차이 때문입니다.

왁스와 스테로이드는 지방질이다

지방질lipid은 무엇일까요?

지방질도 자연에 존재하는 유기 분자입니다. 지방질은 물에 대한 용해도가 낮습니다. 그러나 비극성 유기 용매에는 녹습니다.

지방질은 가수 분해될 수 있는 것과 그렇지 못한 것으로 구분됩니다. 가수 분해가 가능한 지방질은 에스터기(RCOOR)를 가지고 있습니다. 왁스wax, 인지질phospholipid 및 트라이아실글리세롤triacylglycerol은 가수 분해가 가능한 지질들입니다.

왁스는 긴 탄화수소 사슬로 되어 있어, 물에 잘 섞이지 않습니다. 이런 성질을 소수성hydrophobicity이라고 합니다. 왁스는 매우 강한 소수성을 띱니다. 나뭇잎이나 새 깃털의 방수 기능은 겉에 덮여 있는 왁스 때문입니다.

가수 분해되지 않는 지방질로는 지용성 비타민, 스테로이드 호르몬steroid hormone, 터펜terpene과 에이코사노이드eicosanoid 등이 있습니다.

남성 및 여성 호르몬은 스테로이드 부류입니다. 터펜은 아이소프렌isoprene[$(CH_3)_2C{=}CHCH_3$]이라고 불리는 5-탄소 단위체가 반복적으로 구성된 분자입니다. 에이코사노이드는 탄소 20개로 구성된 아라키돈산arachidonic acid으로부터 유도된 생물 활성 물질입니다. 이들은 호르몬과는 다르게 지역적인 매개 물질입니다. 즉, 이들이 합성되는 환경에서만 기능을 발휘하는 매개 물질이죠. 그러나 호르몬은 먼저 합성된 후에 혈액을 통해 반응 장소로 이동한다는 점에서 이들과 다릅니다.

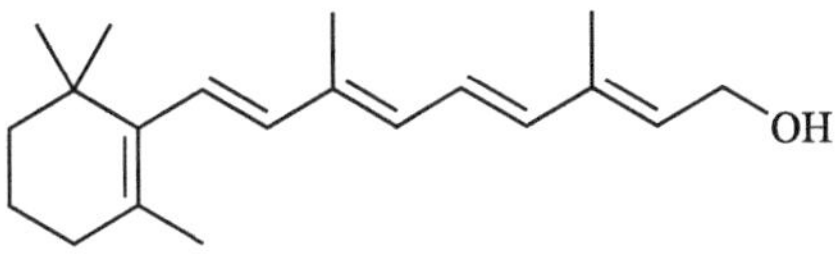

바이타민 A

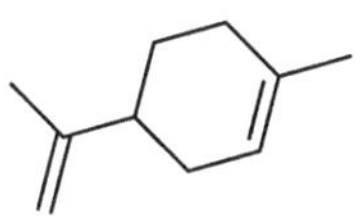

리모넨
(터펜류)

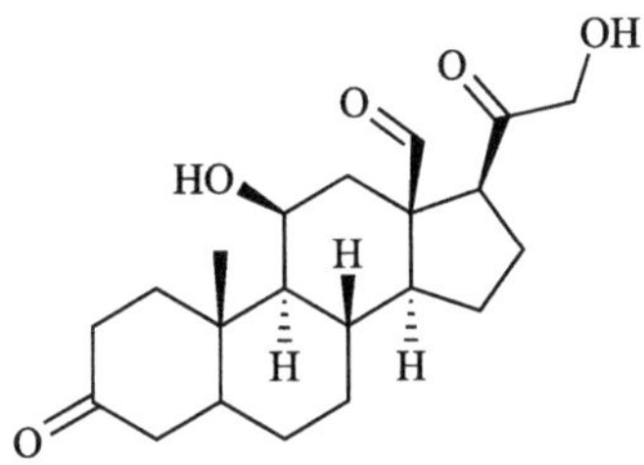

에스트로젠
(스테로이드 호르몬)

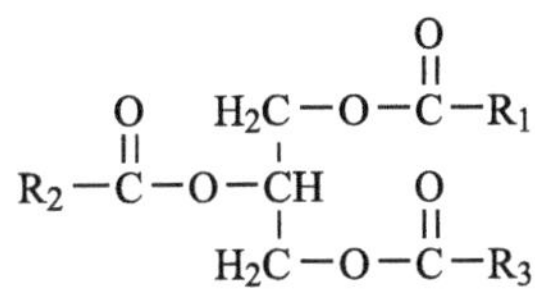

트라이아실글리세롤
(R_1, R_2, R_3 = 알킬 사슬)

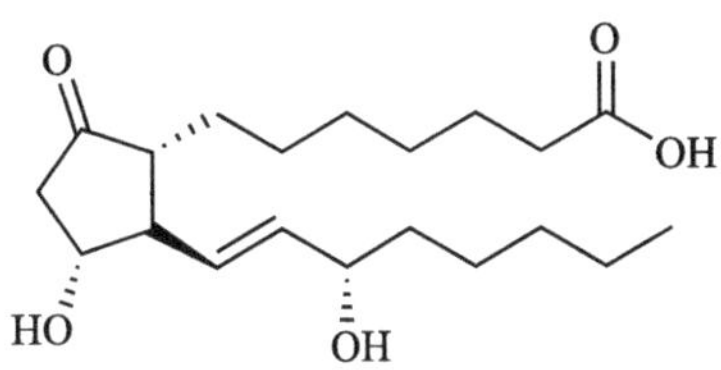

PGE1
(에이코사노이드)

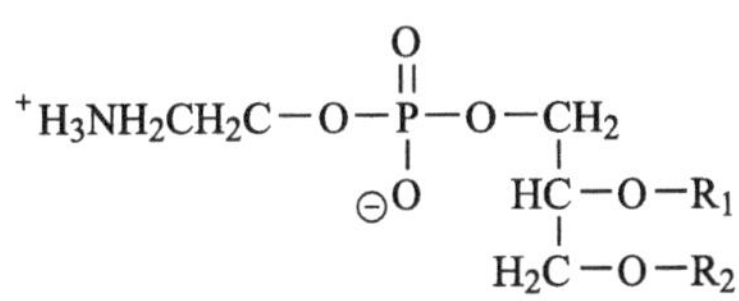

인지질
(R_1, R_2 – 알킬 사슬)

지방질 대사는 탄수화물 대사보다 그램당 더 많은 에너지를 생성합니다. 그러나 순간적으로 많은 에너지를 필요로 할 때는, 탄수화물인 글루코스가 더 좋은 에너지 공급원이 됩니다. 글루코스는 수용성이어서 혈액을 통해 빠르게 운반되기 때문입니다. 그래서 테니스 선수들은 경기 중 휴식 시간에 탄수화물이 많은 바나나를 먹어 에너지를 빠르게 보충합니다.

아미노산은 기능성 분자이다

단백질protein은 각기 다른 형태로 존재하며 다양한 생물학적 기능을 발현합니다. 생체 반응의 촉매인 효소도 또한 단백질입니다. 이런 단백질의 기능은 무엇에 기인할까요?

모든 단백질은 기능과는 상관없이 많은 아미노산들의 긴 사슬로 구성되어 있습니다. 따라서 단백질을 이해하려면 구성 단위인 아미노산부터 이해해야 합니다. 아미노산을 작용기와 구조의 관점에서 살펴봅시다.

이름이 암시하듯이 아미노산은 아민($-NH_2$)과 카복실산($-COOH$)의 두 가지 작용기를 함께 가지고 있습니다. 즉, 염기성 작용기와 산성 작용기가 같은 탄소에 함께 결합되어 있는 것이죠. 염기와 산이 만나면 매우 빠르게 반응한다는 것을 생각하면, 이는 매우 놀라운 일입니다. 이런 형태가 아미노산의 특성을 나타내게 합니다.

만일 아미노산이 수용액 속에 있으면, 즉시 중화 반응을 일으켜 상응하는 염을 생성할 것입니다. 이 작용기들이 중화 반응을 하면, $COOH$기는 음전하를 띠는 COO^-기가 되고, NH_2기는 양전하를 띠는 NH_3^+기가 되어 분자 전체는 전기적으로는 중성인 분자가 됩니다. 그러면서 한 분자에 양이온과 음이온이 함께 존재하게 되죠. 이런 이온을 쯔비터 이온zwitter ion이라고 합니다. 각 아미노산마다 쯔비터 이온으로 존재할 수 있는 수소 이온 농도가 따로 있습니다. 이 수소 이온 농도를 등전점isoelectric point(pI)이라고 합니다.

만일 등전점보다 수소 이온 농도가 높거나 낮으면, 아미노산의 구조는 어떻게 될까요? 수소 이온 농도가 달라지면 당연히 아미노산의 구조도 달라집니다.

아미노산이 등전점(pI)과 같은 수소 이온 농도(pH=pI)의 용액 속에 존재하면, 아미노기는 $-NH_3^+$로 카복실기는 $-COO^-$로 존재합니다. 만일 아미노산이 수소 이온 농도가 등전점보다 산성이거나, 염기성인 용액에 존재하면 아미노산의 전하 상태는 달라집니다. 산성 용액에 있으면 아미노기는 $-NH_3^+$로, 카보닐기는 $-COOH$로 존재합니다. 반대로 염기성이면 $-NH_2$와 $-COO^-$ 상태가 됩니다. 결국 산성이나 염기성 용액에 존재하는 아미노산은 쯔비터 이온이 아닌 양이온 또는 음이온을 띠게 되죠.

산성 또는 염기성인 아미노산 수용액을 전기장에 두면 양이온을 띠는 아미노산은 음극(−) 쪽으로, 음이온을 띠는 아미노산은 양극(+) 쪽으로 이동할 겁니다. 과학자들은 이런 원리로 단백질을 분리하고 확인합니다. 이 방법을 전기 이동법electrophoresis이라고 합니다.

한편 아미노산의 2번 탄소(α−탄소)는 카이랄 탄소이므로 거울상 이성질체가 존재합니다. α−카이랄 탄소에 결합된 아미노기의 배열을 기준으로 아미노산을 구분하기도 합니다. 이 구분법이 *D*, *L*−법입니다. α−카이랄 탄소에 결합된 아미노기가 오른편에 있으면 *D*−아미노산, 왼편에 배열되면 *L*−아미노산이라고 명명합니다. 이 방법은 탄수화물의 구분법을 따르는 것입니다. 글라이신glycine을 제외한 모든 아미노산은 두 가지 거울상 이성질체가 존재할 수 있습니다. 그러나 놀랍게도 자연에는 *L*−아미노산 이성질체만이 존재합니다.

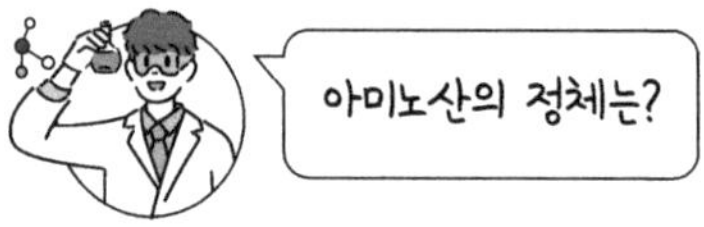

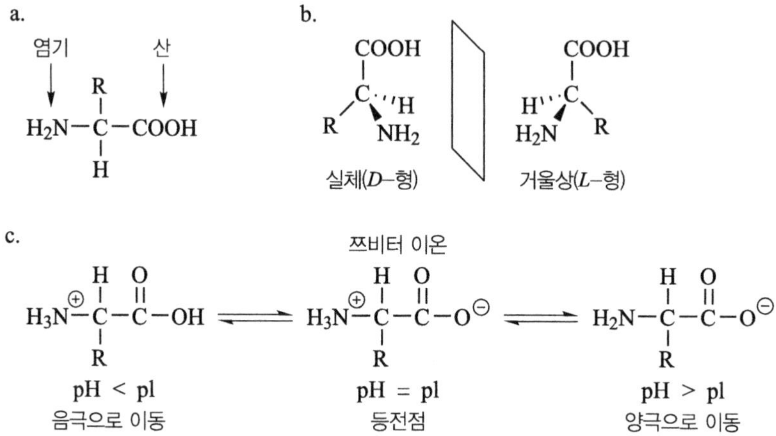

a. 산과 염기가 함께 있다.
b. 실체와 거울상 분자가 있다.
c. pH에 따라 구조가 달라 전기장에서 이동한다.

자연에는 모두 20개의 아미노산이 존재합니다. 이 중에서 10개는 체내 합성이 가능하지만 나머지 10개는 음식으로 섭취해야 합니다. 음식으로 섭취해야하는 아미노산을 필수 아미노산essential amino acid이라고 합니다. 필수 아미노산은 아이소류신, 류신, 아르기닌, 페닐알라닌, 라이신, 메싸이오닌, 트레오닌, 트립토판, 발린, 히스티딘 등이죠. 나머지는 비필수 아미노산입니다. 아르기닌과 히스티딘은 어린이의 성장기에 꼭 필요한 아미노산입니다. 음식에서 얻은 아미노산은 수용성이므로 특별한 수송 시스템이 필요하지는 않습니다.

아미노산으로 구성된 단백질과 펩타이드peptide 및 폴리펩타이드polypeptide는 모두 구성 아미노산의 이런 특성을 고스란히 간직하고 있

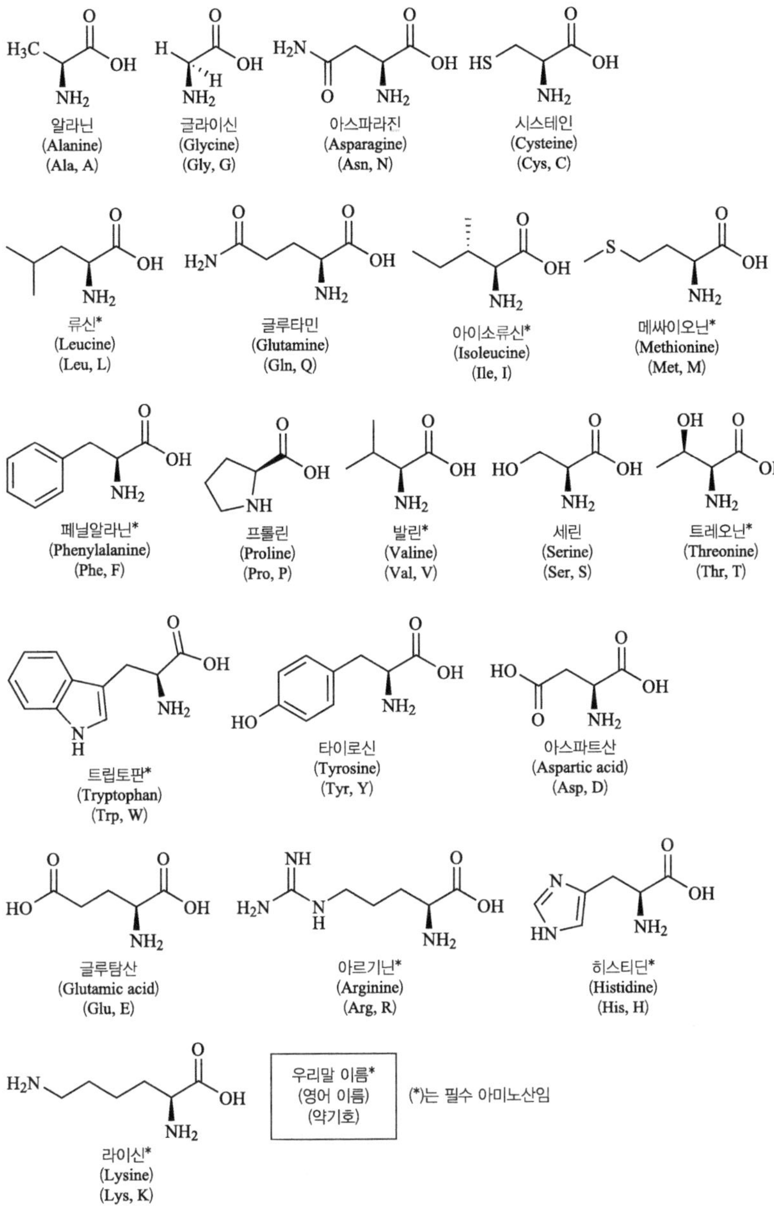

단백질에서 발견되는 20개의 아미노산

습니다. 아미노산의 이런 특성이 곧 생명체에 있는 단백질과 효소가 특성적인 거동을 할 수 있게 합니다.

단백질과 펩타이드는 아미노산들끼리 서로 결합하여 만들어집니다. 한 아미노산의 아미노기와 다른 아미노산의 카복시기가 반응하여 한 분자의 물(H_2O)을 상실하면서 결합됩니다. 이 결합을 펩타이드 결합peptide bond이라고 합니다. 아미노산 수가 10개 미만인 중합체를 펩타이드라고 하며, 아미노산 수에 따라 수사를 붙여 명명합니다.

예를 들어, 두 개의 아미노산으로 구성된 펩타이드는 다이펩타이드depeptide, 세 개로 구성된 것은 트라이펩타이드tripeptide 등으로 부릅니다. 아미노산 수가 10～20개로 구성되면 올리고 펩타이드oligopeptide라고 합니다. 아미노산이 20개를 넘어갈 때 폴리펩타이드라고 하죠.

단백질은 40개 이상의 아미노산으로 구성되고, 분자량이 5000이상이며, 여러 개의 폴리펩타이드로 구성되어 있습니다. 일반적으로 폴리펩타이드의 아미노산 순서는 아미노(NH_2)기를 가진 아미노산부터 시작해서 왼쪽에서부터 오른쪽으로 표기합니다. 그러면 가장 왼쪽은 항상 아미노기가 있게 되므로, 이를 *N*-말단*N*-terminal이라고 부릅니다. 오른쪽 끝은 카복시기가 있게 되며, *C*-말단*C*-terminal이라고 합니다.

펩타이드와 단백질은 큰 분자이므로, 편리성과 이해를 돕기 위해서 구성 아미노산의 약식 기호(세 문자 또는 한 문자)로 표시합니다.

단백질과 펩타이드는 생명체에서 다양한 역할을 하는 생물 고분자입니다. 이들의 구성 단위는 앞에서 언급한 20개의 표준 아미노산들입니다. 이 아미노산들은 모두 α-아미노산입니다. α-탄소는 카이랄 탄소이며, 이 탄소에 아미노기를 가지고 있어 붙여진 이름입니다.

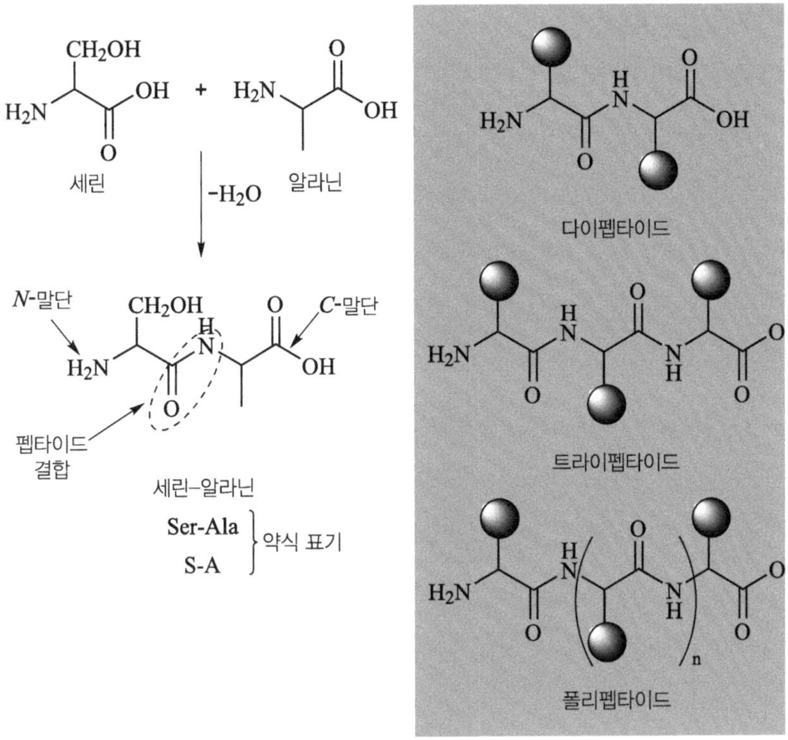

펩타이드

단백질과 펩타이드의 기능은 구성 아미노산이 종류에 따라 결정되죠. 구성 단위인 α-아미노산들이 다르면, 단백질과 펩타이드는 곁가지의 종류, 크기와 모양이 모두 다릅니다. 이런 차이가 단백질과 펩타이드의 전자적 특성, 산-염기 성질, 만들 수 있는 결합의 종류 및 분자간 상호 작용하는 힘 등을 모두 다르게 합니다. 이런 특성의 차이로 인해 생체에서의 다양한 역할이 가능해집니다.

단백질은 특별한 모양일 때 활성을 나타낸다

단백질은 모든 살아 있는 세포에 존재합니다. 단백질은 동물 조직의 구조물(피부, 손톱, 연골, 근육)을 이루기도 하고, 산소를 운반하기도 합니다. 또한 효소로서 생체 반응을 촉진하기도 하고 호르몬으로도 작용합니다.

단백질은 어떻게 이런 독특한 생리적 기능을 발휘할까요?

단백질은 아미노산으로 만들어진 고분자입니다. 따라서 어떤 아미노산들로 구성되어 있는가를 이해하는 것은 필수적이죠. 단백질은 매우 큰 고분자 물질이므로 단순한 모양으로 존재하지는 않습니다. 단백질이 독특한 생물 활성을 나타내려면 나름의 특별한 형태(구조)를 이루어야 하죠.

과학자들은 복잡하고 거대한 단백질을 이해하기 위해서 단백질 구조를 일차, 이차, 삼차 및 사차 구조로 구분합니다. 일차 구조는 '단백질을 구성하고 있는 아미노산의 결합 순서'를 말합니다. 즉, 단순한 아미노산 서열입니다. 그러나 이 일차 구조가 해당 단백질의 독특한 특성을 가지게 합니다. 만일 하나의 아미노산이 달라지면 단백질의 특성도 완전히 달라집니다.

146개의 아미노산을 가진 헤모글로빈을 예로 들어 보죠. 헤모글로빈에서 단 하나의 아미노산이 바뀌면 '낫 모양의 적혈구 빈혈증'이라는 병증이 나타납니다. 단지 하나의 아미노산이 바뀐 결과 때문이죠.

단백질의 이차 구조는 펩타이드 뼈대 분절segment•이 어떻게 규칙

단백질 구조는 일차, 이차, 삼차 및 사차 구조로 구분한다.

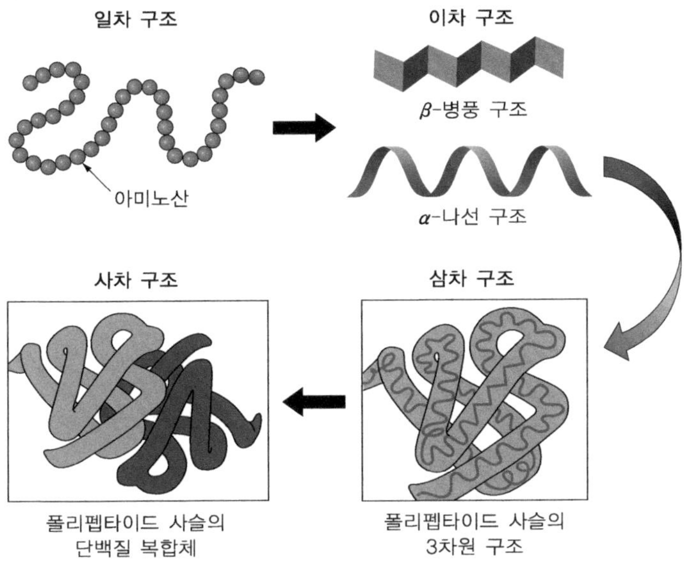

단백질의 1차, 2차, 3차 및 4차 구조

적인 형태로 배열되는지를 나타냅니다. 즉, 단백질이 한정된 영역에서 부분적으로 취하게 되는 삼차원 형태를 말합니다.

일차 구조의 아미노산들 간의 결합 중에는 회전이 되는 것도 있고(단일 결합), 회전이 금지된 것도(이중 결합 또는 부분 이중 결합) 있습니다. 뿐만 아니라 아미노산 상호 간에 수소 결합이나 분산력이 작용하여 삼차원적으로 안정한 형태를 이루려고 합니다. 이 수소 결합

- 분절: 단백질의 반복되는 부분 사슬

은 아미노산들의 C=O기와 N−H기 사이에서 이루어집니다. 이렇게 수소 결합에 의해 형성되는 이차 구조에는 나선형을 이루는 α−나선 구조와 병풍처럼 되어 있는 β−병풍 구조가 있습니다.

단백질이 수용액 속에서 활성을 가지기 위해서는 적당히 구부러지거나 꼬여야 합니다. 이런 과정을 접힘folding이라고 합니다. 이렇게 활성을 위해 접힌 단백질의 모양을 삼차 구조라고 합니다. 즉, 삼차 구조는 '단백질 분자가 어떻게 삼차원 모양을 이루는가'를 나타냅니다. 최근에는 이런 단백질의 접힘이 잘못되어 질병으로 나타날 수 있다는 사실도 알려졌습니다.

삼차 구조의 주요 부류로 섬유상fibrous 단백질과 구형globular 단백질이 있습니다. 섬유상 단백질은 긴 섬유 다발 모양이고, 구형 단백질은 둥근 모양입니다. 섬유상 단백질은 물에 녹지 않습니다. 구형 단백질은 어떤 것은 물에 녹지만, 대부분 콜로이드 상태로 분산됩니다.

사차 구조는 서로 다른 단백질 분자가 어떻게 큰 집합 구조를 이루는가를 기술합니다. 어떤 단백질들은 두 개 이상의 펩타이드 사슬의 조립체입니다. 이 단백질 복합체의 조직화 방식을 사차 구조라고 하는 거죠. 즉, 사차 구조는 '서로 다른 단백질 분자들이 큰 집합 구조를 이루는 방식'을 나타냅니다. 예를 들어 헤모글로빈은 4개의 헴heme과 4개의 단백질 사슬로 구성된 조립체입니다.

척추 동물의 헤모글로빈 분자에 존재하는 대부분의 단백질 이차 구조는 α−나선 구조를 이루고 있고, 이들 α−나선 구조들이 짧은 비나선형 펩타이드 조각들에 의해서 서로 연결되어 있습니다. 이차 구조들이 상호 작용을 통해 안정화되면서 단백질 삼차 구조를 형성합니다.

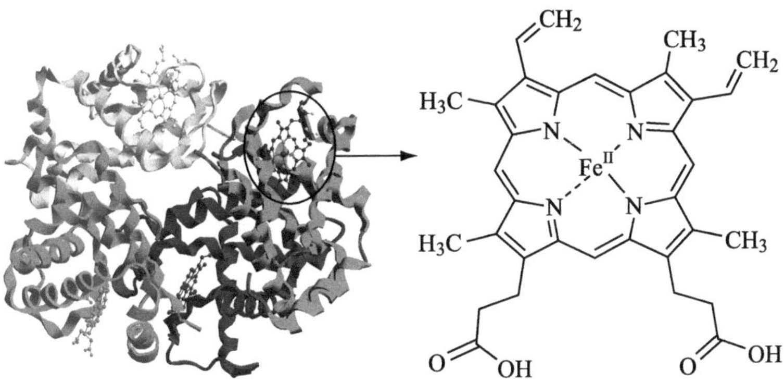

헴

헤모글로빈의 사차 구조

단백질의 기능과 특성은 단백질 고유의 형태와 배열을 결정하는 이차, 삼차, 사차 구조의 조합으로 결정됩니다. 이 안정한 구조에 영향을 줄 수 있는 물리 화학적 요인이 가해지면, 삼차 구조가 변화되어 본래의 성질을 잃게 됩니다. 이 현상을 단백질의 변성denaturation of protein이라고 합니다. 예를 들어, 계란에 열을 가하면 흰자가 고체로 변화되는 과정이 곧 변성입니다.

유전 정보는 복제해서 전달된다

생명체는 어떤 방법으로 자신을 재현할까요?

고등 생물의 대부분은 성적으로 번식합니다. 수정된 난자는 새로운 개체로서 기능을 해야 합니다. 그러기 위해서는 정자와 난자의 유전 정보도 전달되어야 합니다. 수정된 난자가 개체로서 필요한 다양한 세포, 조직 및 기관을 만들어야 하기 때문이죠.

생명체의 유전 물질은 어디에 있을까요?

유전 물질은 세포 핵의 염색체에 들어 있습니다. 염색체chromosome는 단백질과 DNA로 이루어져 있고, 성적으로 번식할 때 염색체는 쌍을 이룹니다. 두 부모로부터 온 두 염색체가 쌍을 이룹니다.

사람은 23쌍의 염색체로 유전되므로 우리 몸은 46개의 염색체를 가집니다. 난자에 있는 염색체 23개와 정자에 있는 염색체 23개가 결합하는 거죠. 한 유기체의 유전자 전부를 모아 놓은 것을 유전체genome라고 합니다.

그렇다면 인간의 유전체는 얼마나 될까요?

과학자들은 인간의 유전자가 20,000~25,000개에 이른다고 밝혔습니다. 유전자는 구조적으로 DNA의 일부이며, 이 DNA의 정보가 복제되어 전달됩니다. 이 전달된 정보를 이용하여 단백질을 합성하는 거죠. 복제는 동일한 DNA를 합성하는 겁니다.

유전 정보는 어떻게 복제될까요?

사람의 유전체는 31억 쌍의 염기base•를 가지고 있습니다. 유전 정보를 가지고 있는 DNA는 이 염기들의 수소 결합을 이용하여 두 가닥이 이중 나선 사슬을 이루고 있죠.

이 두 가닥은 상보적이며 동일한 유전 정보를 가지고 있습니다. 따

• 염기: 핵산에서 당과 인산을 제외한 성분으로 질소를 포함한 헤테로고리 물질

라서 이 가닥들은 각기 다른 새로운 가닥을 만들 수 있는 원형(틀)인 셈이죠. DNA와 RNA는 유전 정보를 전달하거나 단백질을 합성할 때 수소 결합을 소통의 수단으로 사용합니다.

복제된 새로운 DNA를 딸 분자daughter molecule라고 합니다. 복제는 DNA 가닥이 분리된 곳에서부터 시작되며, 한 가닥은 5' → 3' 방향으로 다른 가닥은 3' → 5' 방향으로 복제됩니다. 딸 분자라고 불리는 두 개의 새로운 DNA는 각기 하나씩의 원래 가닥(부모 분자 가닥)을 포함하고 있습니다. 이런 복제를 반보존 복제semiconservative replication라고 합니다.

RNA는 단백질 합성자다

생명체에서 RNA의 역할은 무엇일까요?

RNA는 유전 정보를 가지고 있지는 않습니다. 그러나 RNA는 DNA의 유전 정보를 전달받아 번역하고, 이 정보로 필요한 단백질을 합성합니다. 따라서 RNA는 DNA로부터 단백질 합성이 필요할 때만 사용됩니다. 따라서 항상 존재할 필요는 없는 거죠. 이런 이유로 RNA는 구조적으로 비교적 간단하고, 합성과 분해가 쉬운 편입니다.

RNA는 단일 가닥으로 되어 있고, DNA보다 짧습니다. RNA에는 세 종류가 있습니다. 전령messenger RNA, 전달transfer RNA 및 라이보솜ribosomal RNA 등입니다.

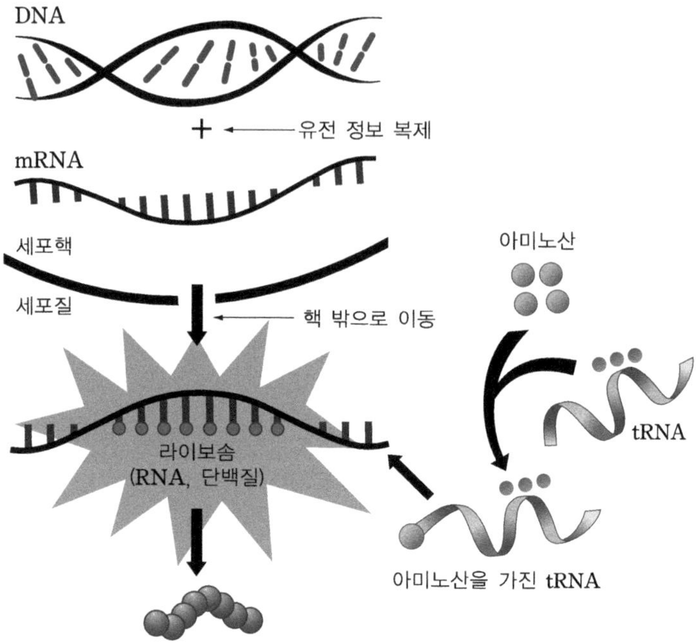

단백질 합성의 모식도

RNA의 역할은 유전 정보를 전달받고, 이를 운반하고 번역하여 합성하는 세 기능을 담당합니다. 전령 RNA(mRNA)는 유전 정보를 전달합니다. 전달 RNA(tRNA)는 단백질 합성에 필요한 아미노산을 라이보솜으로 운반하고, 라이보솜 RNA(rRNA)은 단백질을 합성합니다.

전달 RNA는 70~90개의 뉴클레오타이드를 가지며, 다른 RNA보다 훨씬 작습니다. 아미노산은 전달 RNA의 3'-OH에 결합되어 운반됩니다.

전령 RNA가 단백질의 합성에 필요한 아미노산을 지정하는 데 코돈codon이라는 암호를 사용합니다. 유전 암호로 불리는 이 코돈은 3개의 염기로 구성되어 있고 모두 64개입니다. 그렇다면 유전 암호는 왜

64개일까요?

코돈은 4개의 염기(U, C, A, G)로 구성됩니다. 이 4개의 문자로 문자 세 개짜리 암호를 만들 수 있는 조합 수는 64개(4 × 4 × 4 = 64)입니다.

전령 RNA로부터 전달된 유전 정보는 전달 RNA에 의해 번역됩니다. 전령 RNA의 코돈이 해독되면, 전달 RNA가 필요한 아미노산을 합성되는 펩타이드의 해당 위치로 운반합니다. 운반된 아미노산은 효소의 도움으로 펩타이드를 합성하는 거죠. 합성이 종료되면 '정지'를 알리고, 단백질은 라이보솜에서 배출됩니다.

생명체는 매우 정교하면서도 단순한 방법으로 단백질을 합성합니다. 그러나 실험실에서는 이 같은 방법으로 단백질을 합성하지 못합니다. 훨씬 더 복잡한 방법을 이용해야 합니다.

코돈이 뭐야?

- 유전 정보 번역에 이용되는 유전 암호
- 한 개 코돈은 3개 염기가 조합된 언어
- 4종류 염기가 사용(U, C, A, G)
- 총 64개(= 4×4×4)

참고문헌

Chemistry Core Concepts, 1st ed., Blackman et al., 2016, John Wiley & Sons, Inc.

Chemistry; the Central Science, 14th ed., Brown et al., 2018, Prentice Hall.

Principle of Chemistry, the Molecular Science, Moore et al., 2010, Brooks/Cole, Cengage Learning.

Organic Chemistry, 4th ed., Smith et al., 2014, McGraw Hill.

Organic Chemistry, 8th ed., J. E. McMurry, 2012, Brooks/Cole, Cengage Learning.

『뉴턴 음양오행설을 만나다』, 윤용진 저, 2013, 경상대학교출판부.

『이공학도를 위한 핵심 유기화학』, 윤용진 저, 2015, 자유아카데미.

『생명과학자를 위한 Yoon's 유기화학』, 윤용진, 윤효재 저, 2016, 자유아카데미.

찾아보기

원자와 친해지고 분자가 재밌어지는

도란도란 화학 이야기

저　　자 윤용진
발 행 인 김지영
발 행 처 자유아카데미
주　　소 경기도 파주시 회동길 37-42
파주출판도시
전　　화 031-955-1321
팩　　스 031-955-1322
홈페이지 www.freeaca.com
전자우편 main@freeaca.com(대표)
editor@freeaca.com(편집)
crm@freeaca.com(영업)
등　　록 제406-2003-017호, 1980. 7. 12
제1판1쇄 2021년 8월 5일 발행
제1판2쇄 2022년 10월 12일 발행

ISBN 979-11-5808-312-0 93430